本书的出版得到了国家自然科学基金青年科学基金项目（批准号：71603148）的资助。

中国能源和环境问题研究

——基于效率的视角

杜克锐　林伯强／著

中国金融出版社

责任编辑：任　娟
责任校对：张志文
责任印制：陈晓川

图书在版编目（CIP）数据

中国能源和环境问题研究：基于效率的视角／杜克锐，林伯强主编．—北京：中国金融出版社，2020.10
ISBN 978 - 7 - 5220 - 0860 - 8

Ⅰ.①中…　Ⅱ.①杜…　②林…　Ⅲ.①能源利用—关系—环境保护—研究—中国　Ⅳ.①X24

中国版本图书馆 CIP 数据核字（2020）第 206960 号

中国能源和环境问题研究——基于效率的视角
ZHONGGUO NENGYUAN HE HUANJING WENTI YANJIU：JIYU XIAOLÜ DE SHIJIAO

出版
发行　**中国金融出版社**

社址　北京市丰台区益泽路 2 号
市场开发部　（010）66024766，63805472，63439533（传真）
网上书店　http：//www.chinafph.com
　　　　　（010）66024766，63372837（传真）
读者服务部　（010）66070833，62568380
邮编　100071
经销　新华书店
印刷　保利达印务有限公司
尺寸　169 毫米×239 毫米
印张　12.25
字数　215 千
版次　2020 年 12 月第 1 版
印次　2020 年 12 月第 1 次印刷
定价　46.00 元
ISBN 978 - 7 - 5220 - 0860 - 8
如出现印装错误本社负责调换　联系电话（010）63263947

前　言

PREFACE

改革开放以来，中国经济长期保持高速增长，经济建设取得了举世瞩目的成就，国民生活水平得到了较大幅度的提升。然而，在"中国奇迹"的背后，经济粗放型增长所带来的一系列问题日益凸显。其中，环境污染问题尤其引人关注。自 2012 年以来，中国北方城市冬季频发的雾霾现象，更是引起了公众对健康的担忧。中国政府已经充分意识到环境污染问题的严重性，2013 年发布《大气污染防治行动计划》，采取一系列措施来改善环境污染问题。虽然近年来中国环境污染问题有所改善，但中国经济发展过程中的能源矛盾和环境问题尚未得到根本性的解决。

当前，中国仍然是发展中国家，保持经济持续增长和不断提高人民生活水平仍是第一要务。如何在保障经济增长的同时实现节能减排，是众多学者共同探讨的问题。人们普遍认为提高能源效率和环境效率是解决这一问题的最有效的方式。有鉴于此，本书基于效率的视角，从方法论和实证分析两个维度对中国能源和环境相关问题进行研究。本书的主要内容包括以下几个方面。

第一，针对分析能源强度变化的指数分解（IDA）模型和基于生产理论分解（PDA）模型的缺陷，本书提出了一个综合的分解框架，提高了 IDA 的经济解释力，克服了 PDA 在结构效应上测度的不一致。在实证应用上，本书为中国能源强度变化和能源消费变化提供了更加深入的解释。

第二，基于我国地区要素市场普遍存在扭曲并且不同地区要素市场市场化进程不一致的典型事实，本书对要素市场扭曲与能源效率之间的关系进行了经验研究，丰富了研究视角。通过反事实计量的方法，本书首次测度了我国要素市场扭曲的能源效率损失和能源损失。

第三，梳理了能源效率提升、经济增长与能源消费之间的逻辑关系，在此基础上提出了核算宏观能源反弹效应的方法。本书进一步区分了能源效率提升与技术进步，进而修正了现有文献在估计宏观反弹效应中的偏差。利用提出的方法，本书重新测算了中国的宏观能源反弹效应。

第四，考虑到中国地区间的技术差距，本书使用了非参数共同前沿的分析方法对中国地区碳排放效率和减排潜力进行测算。在此基础上，本书首次将减排潜力分解为技术差距因素和管理效率因素，这对我国地区减排指标的分配具有重要的参考价值。

第五，采用新近发展的非径向方向距离函数，对中国地区能源和二氧化碳排放的综合绩效进行评价，并进一步探讨了市场化改革对地区能源和碳排放绩效的影响。

第六，建立了一个条件 SBM 模型，对中国 258 个城市的生态效率进行测度，在此基础上实证分析城市自然资源禀赋与生态效率之间的关系。

本书的研究是对中国能源和环境问题的有益探索。一方面，本书提供了评价中国地区能源和环境绩效的多种实证分析方法，可以广泛应用于国家、地区、行业和企业等宏观层面和微观层面的能源效率和环境效率的测度与影响因素分析。另一方面，本书在实证研究上提供了中国能源和环境相关问题的大量经验证据，揭示了中国经济发展过程中能源和环境绩效的时空特征及演变规律，分析了中国经济市场化改革对能源和环境绩效的影响机理，有助于人们深入地理解中国经济与能源和环境之间的协调发展问题。

在研究过程中，我们与厦门大学中国能源政策研究院及厦门大学能源经济研究中心的诸位师生进行了深入的交流和讨论，得到了他们的诸多帮助和建议，在此一并表示感谢。此外，我们感谢中国金融出版社责任编辑任娟女士，以及其他在此书出版过程中做了大量工作的人们。正是有了他们的辛勤劳动，本书才得以顺利地呈献给读者。

受限于我们的知识和能力，书中难免存在错误和不足之处，恳请读者多提宝贵意见。

杜克锐　林伯强

2020 年 9 月于厦门

目　录

CONTENT

1 绪论

1.1 研究背景

自第一次工业革命起，人类社会对化石能源的消费就与日俱增。特别是20世纪中叶以后，全球人口的急速膨胀和工业生产的大规模扩张引起化石能源消费的快速增加。化石能源是工业生产的基础，推动了世界经济的发展和人类生活水平的提高，为人类文明的进步作出了巨大的贡献。然而，高速增长的化石能源消费也给人类社会的发展带来了一些难题和挑战。首先，过快的消费增长造成能源资源日益枯竭，影响了人类经济发展的空间。根据英国石油公司（BP）的报告，2013年世界石油储量为1687.9亿桶，按照目前的开采速度，只能维持生产53.3年。① 日趋紧张的能源资源也导致了多起地区冲突，是地区政治局势动荡不安的一个导火索。其次，迅速增长的化石能源消费导致温室气体大量排放，也带来了一系列的环境问题。过多的化石能源燃烧带来了大量的二氧化碳排放。二氧化碳排放的增加使温室气体效应越来越明显，全球气候明显变暖。根据政府间气候变化专门委员会（IPCC）的第五次评估报告，在过去100年间，全球几乎所有地区都经历了地表增暖，与1850—1900年相比，2003—2012年的平均温度上升了0.78℃左右。气候变暖不但导致厄尔尼诺等气候异常现象频发，对人类生命和财产造成巨大的损失，还引起极地冰川融化和海平面升高，致使处于低洼之地的人们无家可归，造成了不可忽视的气候环境问题。面对能源消费快速增长带来的一系列问题，减少化石能源消费和二氧化碳排放成为国际社会的共同需求。在《联合国气候变化框架公约》下，国际组织和各国政府已经召开了多次磋商会议，并且通过了一些共同应对气候变化的重要协议（诸如"巴厘路线图"和《京都议定书》等）。

---

① 资料来源：https：//www.bp.com/en/global/corporate/energy - economics/statistical - review - of - world - energy.html。

作为世界上人口最大、发展最快的经济体，中国自身也面临着日益突出的能源矛盾和环境问题。1978 年改革开放以来，中国经济保持年均 7% 以上的增长速度。与 1978 年相比，2013 年的实际 GDP 增长了 26 倍。[①] 然而，长期以来的粗放型增长模式让中国付出了巨大的能源和环境代价（杜克锐和邹楚沅，2011）。如图 1.1 所示，1978 年中国的一次能源消费量为 396 百万吨油当量，仅占世界能源总消费量的 6.1%。然而，2013 年中国能源消费量已经增长至2852 百万吨油当量，其占世界的比重也提高到 22.4%。与此同时，中国二氧化碳排放量由 1978 年的 1429 百万吨迅速上升到 2013 年的 9524 百万吨。相对应地，中国二氧化碳排放量占世界的比重也由 7.5% 上升到 27.1%（如图 1.2所示）。在这种情况下，中国经济的可持续发展越来越受到能源供给瓶颈和环境污染问题的制约。当前，中国还处于工业化和城市化快速推进的阶段，对能源的需求具有很强的刚性（林伯强，2010）。这意味着在未来相当长的时间内，中国经济增长与能源和环境之间的矛盾还将更加突出。

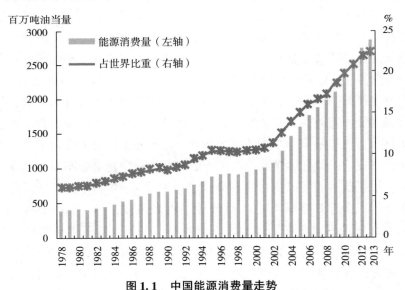

图 1.1　中国能源消费量走势

（资料来源：《BP 世界能源统计回顾 2014》）

[①]　作者根据国家统计局的数据计算得到。

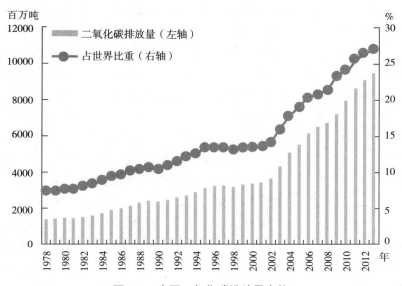

图 1.2　中国二氧化碳排放量走势

（资料来源：《BP 世界能源统计回顾 2014》）

　　我国政府也意识到所面临的能源和环境问题的严峻性，并采取了一系列积极的政策措施。例如，政府在"十一五"规划中制定了具体的节能减排目标，明确要求到 2010 年单位 GDP 能源消费量要在 2005 年的水平上下降 20% 左右。2007 年，政府出台了多个节能减排方案，进一步完善了相关的监测和考核体系。2009 年，我国政府在哥本哈根气候峰会上承诺到 2020 年单位 GDP 的二氧化碳排放量要在 2005 年的基础上下降 40% ~ 50%。随后，在"十二五"规划中，政府又进一步制定了单位 GDP 能耗和二氧化碳排放在 2010 年的基础上分别下降 16% 和 17% 的目标。在"十三五"规划中，政府又进一步制定了如下节能减排目标：到 2020 年，国内生产总值能耗比 2015 年下降 15%，能源消费总量控制在 50 亿吨标准煤以内。

　　从以上这些节能减排措施中我们可以看到，我国政府的主要目标在于提高能源效率和二氧化碳排放效率。这主要是因为中国还处于特殊的发展阶段，能源消费总量和二氧化碳排放总量仍将继续增长。因此，政府希望通过提高能源效率和二氧化碳排放效率来控制或者减缓能源消费和二氧化碳排放的过快增长。

1.2　研究问题及意义

　　对于中国等发展中国家而言，推动经济增长和提高人民的生活水平仍是当前的第一要务。日益突出的能源矛盾和环境问题迫使我们采取有效的手段去解决。如何在保障经济增长的同时实现节能减排，是我国历届政府共同面临的重要问题。在某种意义上，节能减排相当于对经济发展施加一定的约束，这可能会在一定程度上影响经济的增长。例如，为了完成"十一五"规划的节能减排目标，部分地区采取了"拉闸限电"和"强制停产"等非正常措施。目前，学者普遍认为，提高能源效率和环境效率是实现节能目标、降低节能减排成本的最有效的手段，提高能源效率和环境效率也成为中国政府制定节能减排政策的着力点。但是，在制定任何节能减排政策之前，我们都需要客观地评估当前中国能源效率以及环境效率。也只有充分地了解中国能源效率和环境效率，才能充分保证政策制定的针对性和实施的有效性。这就涉及以下几个问题：一是如何测度中国能源效率和二氧化碳排放效率，二是怎样理解中国能源效率和能源消费的历史变化，三是能源效率、经济增长与能源消费存在怎样的关系，四是如何科学确定地区的节能减排额度，五是哪些潜在因素决定了中国当前的能源效率和二氧化碳排放效率，六是中国市场化改革与能源效率和二氧化碳排放效率存在怎样的关系，七是自然资源丰裕是否影响了城市的可持续发展。

围绕这几个问题，在现有研究的基础上，本书基于效率的视角，从方法论和经验研究两个维度展开研究。本书的研究具有重要的理论价值和现实意义。首先，从方法论上，本书对能源效率和环境效率的建模方法进行了讨论，为能源和环境效率分析方法提供了一些新的思路，丰富了现有的研究手段。其次，在经验分析上，本书能够加深学者对中国能源和环境问题的理解，丰富现有研究的视角。最后，本书对中国节能减排政策的制定与实施也有一定的参考价值和启示意义。

1.3　研究内容及方法

在现有文献的基础之上，本书试图从研究方法和经验分析两个方面，对中国能源效率和环境效率问题研究进行有益的补充，后文的主要研究内容及方法安排如下：

第 2 章从能源效率、环境效率及综合效率评价三个方面对相关文献进行梳理和评述。

第 3 章针对现有能源强度变化分解方法的不足，提出了一个综合的分解框架，利用提出的研究方法，对中国各地区 2003—2010 年能源强度变化的驱动因素进行了经验分析，并测算了各地区对促进全国能源强度下降的贡献。

　　第 4 章对第 3 章提出的研究方法进行修改，使其能够应用于对能源消费变化的影响因素分析，并运用修改后的模型，对中国 2003—2010 年能源消费快速增长的驱动因素进行了实证分析。

　　第 5 章首先在新古典生产理论下定义了全要素能源效率，然后利用面板数据的固定效应 SFA 模型和反事实计量的方法，对 1997—2009 年我国要素市场扭曲的能源效应进行了实证分析。

　　第 6 章探讨能源效率、经济增长和能源反弹效应之间的关系，在此基础上，利用 IDA 模型和经济增长核算方法测算了 1981—2011 年中国的宏观反弹效应。

　　第 7 章在联合生产框架下定义了二氧化碳排放效率，基于非参数共同前沿的分析方法，对我国 30 个省（自治区、直辖市）2006—2010 年的二氧化碳排放效率和排放潜力问题进行了实证研究，并对减排潜力的来源进行了识别。

　　第 8 章考虑到我国地区禀赋和生产条件的差异性，构建了反映异质技术的全要素碳生产率测度模型，并基于构建的模型，对我国 30 个地区在 2000—2010 年碳生产率的变化及驱动因素进行了实证分析。

　　第 9 章基于非径向方向距离函数定义了能源利用和二氧化碳排放的综合绩效指标，并利用这一指标，对中国各地区 1997—2009 年的能源利用和二氧化碳排放绩效进行评价，并进一步实证考察了市场化改革对中国能源利用和二氧化碳排放绩效的影响。

　　第 10 章建立了一个条件 SBM 模型，对中国 258 个城市的生态效率进行测度，并且利用局部线性的非参数方法对资源丰裕度的影响进行分析。

　　第 11 章对全书进行了总结，指出本书研究的主要创新点及不足之处，并对未来研究进行了展望。

2 能源和环境绩效评价方法的研究进展

从 20 世纪后半期开始，全球工业生产的扩张已经消耗了大量能源并对环境造成了严重污染，威胁到人类社会的可持续发展。经济发展过程中的能源与环境问题越来越多地受到人们的关注，人们普遍意识到了提高能源效率和环境效率对经济可持续发展的重要性。

评估不同国家或地区的能源效率和环境效率，不仅有助于人们了解它们之间的能源和环境绩效差异，而且对提高能源效率和环境效率提供了有力的参考依据。在过去的几十年里，能源效率和环境效率逐渐成为研究者关注的焦点，已经有大量的研究致力于发展评估能源效率和环境效率的定量分析技术。本书主要从能源效率、环境效率及综合效率三个方面对国内外相关研究成果进行归纳、总结和分析，重点考察能源和环境绩效评价研究方法的发展脉络以及有关中国的经验研究，以期为国内学者开展相关研究提供一些有价值的参考。

2.1 能源效率评价

有关能源效率的研究一直是能源经济学的一个热点问题，这方面的国内外文献不计其数。从能源效率界定范围来看，能源效率指标可以划分为两大类：单要素能源效率指标和全要素能源效率指标（杨红亮和史丹，2008）。

2.1.1 单要素能源效率指标

单要素能源效率指标主要从能源投入与产出之间的关系角度进行度量。在这方面，根据能源投入和产出指标的属性，王庆一（2003）又将其划分为两类，即物理能源效率指标和经济能源效率指标。物理能源效率指标主要测度从物质能源转换成能源服务的效率（热力学转换效率）。由此可见，物理能源效率主要用来反映机器设备等的能源技术水平。因此，这类指标多用于工程研究和评价。经济能源效率指标主要测度能源投入与其经济产出之间的关系。与物理能源效率指标相比，经济能源效率指标更适合在宏观上对一个国家或地区的能源绩效进行评价。在这方面，常用的指标有能源强度和能源生产率①。能源强度是指物质能源投入与经济产出之比，通常用单位 GDP 能耗来测度。能源生产率则是指经济产出与物质能源投入之比，测度的是单位能源的产出（能源强度的倒数）。

经济能源效率指标具有定义直观、计算简单、容易应用等优点，在实践中不但被学者广泛使用，而且被各个国家和世界组织作为制定能源政策的参照指标。此外，能源经济学家提出了多种分解方法，对能源强度变化的驱动因素进行分析。从技术上看，这些分解方法可以划分为三类：结构分解方法（SDA）、指数分解方法（IDA）和基于生产理论的分解方法（PDA）。

SDA 建立在投入产出模型的基础之上，使用了投入产出表中的终端消费数据和投入产出系数。因此，SDA 分解能够计算出终端消费变化的效应。Rose 和 Casler（1996）、Su 和 Ang（2012）对 SDA 的发展及应用做了有价值的综述。但是，由于利用 SDA 进行分析对数据的要求较高，因此在实际应用中存在较大的数据困难。

与 SDA 相比，IDA 只是使用了部门产出和能源消费数据，对数据的要求相对低得多。② 在方法论上，IDA 建立在指数理论的基础上，其分解形式非常灵活，因此有多种指数方法能够被 IDA 应用。经过 Hankinson 和 Rhys（1983）、Reitler 等（1987）、Boyd 等（1988）、Liu 等（1992）、Ang（1994）、Ang 和 Lee（1994）、Ang 和 Choi（1997）、Ang 和 Liu（2001）、Ang 等（2004）等的不断研究，IDA 分析框架已经相当完善。Ang 和 Zhang（2000）、Ang（2004）对 IDA 的发展脉络以及相关应用做了较全面的综述。

当前，IDA 已经成为能源经济学建模的一个流行工具。大量的文献将 IDA 应用到世界上各个国家能源问题的研究中，代表性文献包括 Choi 等（1995）、Greening 等（1997）、Zhang（2003）、Aguayo 和 Gallagher（2005）等。在国内研究方面，代表性文献包括周勇和李廉水（2006）、郑义和徐康宁（2012）、张伟和朱启贵（2012）等。一般而言，IDA 将能源强度变动分解为三大影响因素：强度效应、产业结构效应和能源结构效应。然而，IDA 分析没有考虑诸如技术进步、效率变化以及要素间替代等与能源强度变化密切相关的因素。③ 因

---

① 这两种指标都属于价值型能源效率指标，其测度可能会受到价格变动的影响。因此，有的学者提出了实物型能源效率指标。这方面的指标可参考 Reddy 和 Ray（2011）。

② Hoekstra 和 Van den Bergh（2003）对 SDA 和 IDA 进行了详细的比较。

③ 近年来的文献也将 IDA 模型扩展到多层级，涵盖了从时间层面的分解到空间层面的分解。由于篇幅的原因，本书不展开详细讨论，感兴趣的读者可参考 Ang 和 Wang（2015）、Ang 等（2016）。

此，IDA 在经济解释能力方面具有很大的局限性。

为了弥补 IDA 在经济解释能力上的缺陷，近年来，一些学者提出了基于生产理论的分解方法（PDA）。PDA 从生产理论的角度对能源（环境）指标的变化进行分析，从而具有更好的经济学基础。PDA 的思想最早可以追溯到 Färe 等（1994）。Färe 等（1994）基于新古典生产理论和数据包络分析（DEA）测度了全要素生产率，并将其分解为技术进步和技术效率变化两个成分。此后，Zaim（2004）、Pasurka（2006）、Wang（2007）、Zhou 和 Ang（2008b）对 Färe 等（1994）的模型进行扩展，应用到能源和环境分析中。其中，Wang（2007）对能源生产率变化进行了分解。Wang（2007）基于产出方向的谢泼德距离函数（Shephard Distance Function）将能源生产率变化分解为六个效应，分别是产业结构变化、能源结构变化、技术进步、技术效率变化、资本能源替代和劳动能源替代。从分解成分来看，Wang（2007）的模型能为能源生产率变化提供更好的经济学解释，并有更强的政策含义。因此，近年来，不少文献开始使用这一方法。例如，Wang（2011，2013）利用这一方法，分别对中国和世界69 个国家的能源生产率变化的驱动因素进行了实证分析。孙广生等（2012）也提出了一个与 Wang（2007）类似的模型，对中国地区能源生产率变动的驱动因素进行分析。林伯强和杜克锐（2013a）从技术差距和规模报酬两个角度对 Wang（2007）的模型进行扩展，并将其应用于中国 30 个省（自治区、直辖市，以下简称省份或地区）能源生产率变化的分析。

PDA 虽然具有以上突出的优点，但是由于不能反映不同能源投入（不同产出）之间的异质性，PDA 在测度结构效应（能源结构变化和产出结构变化）上存在不一致的问题，可能会导致与现实相悖的结论。例如，1990—2005 年北京和上海产业结构从第二产业大幅向第三产业转移，但 Wang（2011）的实证结果显示，这种产业结构的变化对其能源强度的下降产生了负面影响。事实上，第二产业的能耗要比第三产业高，因此，这种产业结构的转变应该带来能源强度的下降。同样，Wang（2007）的实证中也出现了能源消费结构的改善阻碍能源强度下降的结果。通常而言，能源消费比重从低质量能源品种向高质量能源品种转移时，我们合理的预期是能源结构的转变应该可以促进能源强度的降低，至少不会对能源强度的下降产生负面影响。

针对 IDA 和 PDA 的缺点，林伯强和杜克锐（2014）提出了一个综合的分解框架，其基本思路包含两个阶段的分解：第一阶段利用 IDA 方法将整体能源强度变化分解为部门能源强度变化、产业结构变化和能源结构变化三个部分；第二阶段基于 PDA 方法将部门能源强度变化进一步分解为生产技术效应、技术效率效应、资本能源替代效应和劳动能源替代效应四个因素。林伯强和杜克锐（2014）提出的分解模型进一步拓展了 IDA 框架，为能源强度的变化提供了生产理论层面上的解释，并且克服了 PDA 在产业结构效应和能源消费结构效应上的缺陷，使分解结果更合理。表 2.1 归纳了利用分解方法对中国单要素能源效率进行分析的代表性文献。

表 2.1　中国单要素能源效率研究的代表性文献

文献	方法类型	具体方法	样本	主要结论
王玉潜（2005）	SDA	投入产出分析	中国，1987—1997 年	样本期间，能源技术进步累计推动能源强度下降39.1%
Liao 等（2013）	SDA	投入产出分析	北京，2002 年、2007 年、2010 年	技术进步是推动能源强度下降的主导因素
周勇和李廉水（2006）	IDA	AWD	中国六大产业部门，1980—2003 年	产业部门能源强度下降是我国能源强度下降的主要原因
齐志新和陈文颖（2006）	IDA	拉氏因素分解法	中国四大产业部门、36 个工业行业，1980—2003 年	我国能源强度下降的决定因素在于技术进步
吴巧生和成金华（2006）	IDA	拉氏因素分解	中国三大产业部门，1980—2003 年	各产业能源使用效率提高是中国能源消耗强度下降的主要推动力
李国璋和王双（2008）	IDA	LMDI	全国以及三大地区、三大产业部门，1995—2005 年	技术进步是推动能源强度下降的主要因素
施凤丹（2008）	IDA	LMDI	中国 23 个工业部门，1997—2002 年	部门能源强度下降是工业节能的主要贡献者
郑义和徐康宁（2012）	IDA	LMDI	中国三大产业部门、八大行业部门、43 个子部门，1994—2008 年	能源强度下降的主要动力在于技术因素
张伟和朱启贵（2012）	IDA	LMDI	中国 39 个工业行业合并成 11 个部门，1994—2007 年	能耗下降主要是由于能源技术提高
Wang（2011）	PDA	谢波德距离函数、DEA	中国 29 个地区，1990—2005 年	资本能源替代是促进我国地区能源生产率增长的主要贡献者

文献	方法类型	具体方法	样本	主要结论
孙广生等（2012）	PDA	谢泼德距离函数、DEA	中国 29 个地区，1986—2010 年	能源生产率变化的驱动因素按贡献大小依次为技术进步、投入替代和效率变化
林伯强和杜克锐（2013a）	PDA	谢泼德距离函数、DEA	中国 30 个地区，2000—2010 年	资本能源替代是我国地区能源生产率增长的主要动力
林伯强和杜克锐（2014）	IDA 和 PDA	LMDI、DEA	中国 30 个地区、三大产业部门，2003—2010 年	技术进步是 2003—2010 年我国能源强度下降的最大推动力
白雪洁和孟辉（2017）	PDA	方向性距离函数、DEA	中国 14 个服务行业和 27 个制造行业	技术进步、资本投入能源效应、能源结构效应是促进服务业能源效率提升的主要因素

2.1.2 全要素能源效率指标

2.1.2.1 概念界定

能源只是生产过程中的一种投入要素。单要素能源效率指标只是能源投入与产出之间的简单比例关系，没有考虑劳动与资本对产出的贡献及不同生产要素之间的替代作用，因而近年来受到了一些学者的批评。有鉴于此，Hu 和 Wang（2006）首次提出了全要素能源效率指标的概念。全要素能源效率指标在新古典生产理论的框架下，将劳动和资本等生产要素也纳入效率的分析，考虑了能源与其他生产要素之间的替代效应，具有综合多维度的特征。其基本思路如下：首先，对生产可能集（生产技术）进行定义；其次，利用各生产单位的投入产出数据构造前沿生产边界；最后，分析各生产单位与前沿生产边界之间的关系，如果偏离前沿生产边界，则该生产单位的资源没有得到充分使用，存在帕累托改进的空间。具体而言，全要素能源效率指标可以定义为最优能源投入（理论上最少的能源投入）与实际能源投入之比。由此可见，全要素能源效率指标实质上属于技术效率的范畴，它与单要素能源效率指标的最大不同之处在于后者分析的是能源与 GDP 之间的投入产出关系，而前者讨论的是能源作为投入要素的利用效率。

　　然而，Hu 和 Wang（2006）所定义的全要素能源效率实质上只是在传统经济效率测度上加入能源投入作为生产要素，并且所有投入被要求同比例缩减，实质上测度的是包含所有生产要素的综合利用效率。因此，严格意义上讲，如果在全要素能源效率中我们不能将劳动和资本等投入要素的无效率分离出来，就不能获知现实经济中真实的能源浪费程度或节能空间。我们可以用以下例子加以说明。假设存在这样一个经济系统，在保持产出不变的情况下，其资本、劳动和能源可以分别缩减 20%、30% 和 40%，那么所有投入要素的共同可缩减程度是 20%。但是，在允许资本和劳动投入不变的情况下，这个经济系统可以减少 40% 的能源投入。这个例子说明 Hu 和 Wang（2006）提出的能源效率测度方法会存在偏差。我们可以借用效率分析方法的概念对此进行更正式的讨论。考虑一个新古典的生产框架，假设一个决策单元以劳动（L）、资本（K）和能源（E）作为投入要素生产单一产品（Y），其生产技术可以用以下集合表示：$T = \{(L,K,E,Y) \mid (L,K,E)$ 可以生产出 $Y\}$。Hu 和 Wang（2006）的全要素能源效率概念可以通过投入导向的谢泼德距离函数进行说明。

$$D(L,K,E,Y) = \sup\{\theta \mid (L/\theta,K/\theta,E/\theta,Y) \in T\} \qquad (2.1)$$

　　由式（2.1）可以看到投入导向的谢泼德距离函数刻画了在现有生产技术下资本、劳动和能源的最大缩减程度。$L/D(L,K,E,Y)$、$K/D(L,K,E,Y)$ 和 $E/D(L,K,E,Y)$ 分别是所有投入要素同比例缩减条件下的最优劳动投入、最优资本投入和最优能源投入。$1/D(L,K,E,Y)$ 便是 Hu 和 Wang（2006）所定义的能源效率，也是劳动效率和资本效率。从这个角度而言，Hu 和 Wang（2006）的全要素能源效率属于径向效率测度模型。径向效率测度模型会高估能源效率的真实值。为了解决这一问题，Boyd（2008）定义了能源导向的谢泼德距离函数（简称能源距离函数）：

$$D_E(L,K,E,Y) = \sup\{\theta \mid (L,K,E/\theta,Y) \in T\} \qquad (2.2)$$

　　由式（2.2）不难发现，能源距离函数只要求能源最大限度缩减而允许其他投入要素保持不变。因此，能源距离函数反映了决策单元在能源投入方向上与最优生产状态的偏离程度。基于能源距离函数，Boyd（2008）将能源效率定义为 $1/D_E(L,K,E,Y)$。Hu 和 Wang（2006）与 Boyd（2008）在能源效率测度上的差别可以用图 2.1 来说明。其中，纵轴表示能源投入，横轴表示其他投入，曲线表示等产量线。集合 T 可以用等产量线的右上方区域进行表示，曲线也称为生产边界。假设决策单元为点 A，可以看到决策单元 A 没有落在生产边界，因此决策单元 A 在生产活动中过度使用了能源。Boyd（2008）定义的能源距离函数要求决策单元移动到点 B。在这种情况下，决策单元 A 的能源效率为 BD/AD。按照 Hu 和 Wang（2006）的定义，决策单元 A 被要求移到点 C，以实现所有投入的同比例减少。此时，决策单元 A 的能源效率为 CO/AO。由图 2.1 容易看出，CO/AO 大于 BD/AD。因此，Hu 和 Wang（2006）所定义的能源效率概念会高估其能源效率真实值。

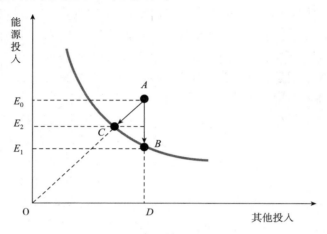

图 2.1　全要素能源效率

　　Boyd（2008）的能源效率定义实质上是一种非径向效率测度方法。近年来，一些学者也沿着这一思路对全要素能源效率的测度进行了扩展。例如，Zhou 和 Ang（2008a）基于非径向效率测度和投入的松弛变量提出了一组全要素能源效率指标。Wu 等（2012）将二氧化碳作为非期望产出引入能源距离函数，进一步考虑实际生产活动的污染排放。Zhang 和 Choi（2013b）在 SBM – DEA 模型的基础上定义了两个全要素能源效率指标。Wang 等（2013a）在非径向方向距离函数基础上定义了不同技术生产情形下的全要素能源效率。Wang 等（2013b）利用多方向效率分析定义了能源效率指标。Zhang 等（2015）运用共同前沿下的 SBM 模型定义了生态约束下的全要素能源效率。

　　2.1.2.2　估计方法

　　与单要素能源效率指标相比，全要素能源效率在估计上显得复杂一些。这主要在于最优能源投入作为全要素能源效率评价的基准，其在操作层面上是未知的（或者说是观察不到的）。为了克服这一困难，在实践中，学者们通常借助生产前沿的分析技术，主要有两种方法：数据包络分析（DEA）和随机前沿分析（SFA）。

　　DEA 的基本思想是使用最小的凸集来刻画生产可能集（涂正革和刘磊珂，

2011）。生产可能集的边界就是技术前沿，体现了现有技术下的最优生产状态。在实践中，DEA 通过线性规划技术构造出技术前沿，从而确定评价的基准并进行效率分析。从这个角度而言，DEA 是一种非参数的方法。它主要具有以下优点：首先，DEA 不需要对投入产出之间的函数关系进行假设，即不需要先验地假定生产函数形式或距离函数形式，进而能够避免模型错误设定的风险；其次，DEA 模型设定灵活（DEA 类型很多），能够适用于大部分效率评价模型的估计。因此，DEA 在全要素能源效率估计中得到了广泛的运用。例如，上文提到的 Hu 和 Wang（2006）、Zhou 和 Ang（2008a）、Wu 等（2012）、Wang 等（2013a）和 Wang 等（2013b）都是利用不同类型的 DEA 模型对全要素能源效率进行估计。

虽然 DEA 类型的估计方法具有以上优点，但不可避免地存在以下几个方面的缺点：首先，DEA 模型没有考虑统计误差和其他随机性误差的影响，容易受到样本数据质量的影响，[1] 因此其效率估计可能存在偏差；其次，DEA 模型不具有统计基础，不能对模型进行检验（杜克锐和邹楚沅，2011）。考虑到宏观数据往往带有较大的噪声，部分学者建议利用 SFA 方法对全要素能源效率进行估计。例如，基于能源距离函数，Boyd（2008）和 Zhou 等（2012a）建立了能源效率的 SFA 方法。DEA 将决策单元偏离技术前沿的部分都视为无效率。与 DEA 不同，SFA 将决策单元对技术前沿的偏离分为两部分：一部分是由无效率引起的，另一部分是由随机误差造成的。因此，SFA 模型可以测度剔除数据噪声对能源效率的影响。此外，SFA 是一种建立在统计理论之上的参数估计方法，因此可以对模型设定进行统计检验。当然，SFA 也有相应的缺点，主要体现在 SFA 需要对模型的函数形式进行假定，因而模型存在错误设定的风险；SFA 只适用于少数全要素能源效率指标的估计。[2]

除了以上区别，DEA 和 SFA 存在一个共同点，即利用样本数据对技术前沿进行构造。因此，它们都暗含着一个重要的假设：所有决策单元是可以互相参照的，这意味着所有决策单元的技术是同质的，因此它们的技术前沿是共同的。然而，在现实经济中，由于地理位置、资源禀赋和经济发展阶段的不同，不同地区（决策单元）的技术水平可能并不一致。有鉴于此，部分学者关注了存在异质性技术时的能源效率估计问题。例如，Lin 和 Du（2013）在 Zhou 等（2012a）的基础上提出了一个基于参数共同前沿（Parametric Metafrontier）

---

[1] Simar（2003）指出，DEA 估计对样本数据很敏感，样本异常值对 DEA 估计结果的影响很大。

[2] 据作者所知，SFA 目前只运用在基于能源距离函数定义的能源效率估计上。对于诸如基于非径向距离函数的能源效率指标，SFA 应用的难度在于模型的识别。

的分析方法，Wang 等（2013d）提出了一个基于共同前沿——DEA 的估计方法。共同前沿分析的概念最早由 Battese 和 Rao（2002）提出。Battese 等（2004）和 O'Donnell 等（2008）对共同前沿分析方法进行了发展和完善。

共同前沿分析方法的基本思想是假设所有决策单元根据其生产技术可以划分为不同的组，组内决策单元的技术是相同的，而组间决策单元是异质的，共同潜在的技术由所有组的技术构成。由此可见，共同前沿分析的关键在于对样本进行合理的分组。在实践中，研究者通常按照地理位置、收入水平和制度等指标对样本进行分组。这种分组方法的依据在于收入水平等指标与生产技术存在密切的关系。然而，由于技术在宏观上是不可观察的，并且受到众多因素的影响，因此按照一些先验信息进行分组不一定是可靠的，并且不同的分组方法也将导致不同的估计结果。此外，分组估计的另外一个缺陷是会损失组间一些有用的共同信息。考虑到共同前沿分析存在的缺点，Lin 和 Du（2014）提出了利用潜类别随机前沿模型（Latent Class SFA）对全要素能源效率进行估计。潜类别随机前沿模型不需要对样本进行先验的分割，而是假设每个决策单元以未知的概率属于某个组，利用极大似然估计方法对模型参数进行估计，并计算出每个决策单元从属于每个组的概率。Lin 和 Du（2014）提出的方法是一种数据驱动的方法，理论上可以解决共同前沿分析的缺陷。然而，这种方法具有一定的缺陷：首先，潜类别随机前沿模型的估计比较复杂，经常遇到不收敛的情况；其次，随着组数的增加，估计参数成倍地增长。

2.1.2.3 实证应用

随着我国经济发展中的能源瓶颈问题日益明显，有关能源浪费和能源效率的问题越来越受到人们的关注。越来越多的文献采用全要素能源效率指标对我国地区和工业行业的能源效率及其影响进行测度和实证分析。例如，魏楚和沈满洪（2007）利用 Hu 和 Wang（2006）的模型对中国 29 个地区 1995—2004年的能源效率进行测度，在此基础上对能源效率的影响因素进行分析，得到以下主要结论：样本期间内，中国各省份的平均能源效率为 0.778；第三产业比重对能源效率有正的影响，而政府干预和进出口贸易对能源效率存在负面影响。师博和沈坤荣（2008）利用投入导向的超效率 DEA 模型对中国各地区 1995—2004 年的能源效率进行评价，在此基础上进一步分析了市场分割与能源效率之间的关系。李国璋和霍宗杰（2009）也利用投入导向的 DEA 模型测度了我国各地区 1995—2006 年的能源效率，并对其收敛性和影响因素进行了实证分析。孙广生等（2011）利用投入导向的 DEA 模型对中国 14 个工业部门

1987—2005 年的能源效率进行了测算，并对其影响因素进行了回归分析，其主要研究结论是样本期间内工业行业平均效率值为 0.73，企业规模有助于提高能源效率，而国有企业比重则不利于能源效率的提升。基于投入导向的谢泼德距离函数和 SFA 模型，何晓萍（2011）以中国 36 个工业行业 1994—2008 年的数据为样本，对我国工业的能源效率和影响因素进行了实证研究，结果发现样本期间内工业行业平均能源效率为 0.76，对外开放有助于能源效率的提升，而国有产权则是能源效率提升的不利因素。

通过中国知网数据库、ScienceDirect 和 Jstor 数据库的搜索可以发现，研究中国全要素能源效率的文献数量众多。表 2.2 对这个方面的代表性文献进行了归纳总结。

表 2.2　中国全要素能源效率研究的代表性文献

文献	效率测度类型	研究方法	样本	影响因素
汪克亮等（2010）	径向效率测度	投入导向的 BCC – DEA 模型、Tobit	中国 29 个地区，2000—2007 年	产业结构、市场化水平、能源消费结构、能源价格、技术进步
袁晓玲等（2009）	径向效率测度	投入导向的超效率模型、Tobit	中国 28 个地区，1995—2006 年	产业结构、所有权结构、能源结构、能源禀赋
李兰冰（2012）	径向效率测度	四阶段 DEA 模型	中国 30 个地区，2005—2009 年	开放程度、产业结构、基础设施、文化素质
王兵等（2011）	径向效率测度	方向距离函数、Tobit	中国 30 个地区，1998—2007 年	经济发展水平、企业的环境管理能力、产业结构、能源结构、外商直接投资、价格指数
张伟和吴文元（2011）	径向效率测度	方向距离函数、面板数据计量模型	长三角都市圈 15 个城市，1996—2008 年	经济发展水平、要素禀赋、产业结构、能源结构、外商直接投资
杨骞（2010）	径向效率测度	投入导向的 DEA 模型、Tobit	中国 28 个地区，2000—2006 年	行政垄断、技术进步、对外开放程度、经济结构
魏楚和沈满洪（2007）	径向效率测度	投入导向的 DEA 模型、面板固定效应模型	中国 29 个地区，1995—2004 年	产业结构、政府干预、对外开放、国有企业比重

续表

文献	效率测度类型	研究方法	样本	影响因素
师博和沈坤荣（2008）	径向效率测度	投入导向的超效率DEA模型、Tobit	中国29个地区，1995—2005年	市场分割、资源丰裕度、贸易依存度、产业结构、能源价格
李国璋和霍宗杰（2009）	径向效率测度	投入导向的DEA模型、Tobit	中国29个地区，1995—2006年	国有经济比重、产业结构、对外开放程度、能源禀赋、能源消费结构、政府影响力、能源价格
孙广生等（2011）	径向效率测度	投入导向的DEA模型	中国14个工业部门，1987—2005年	规模效应、国有企业比重、固定资产更新率
何晓萍（2011）	径向效率测度	谢泼德距离函数、SFA	中国36个工业行业，1994—2008年	行业集中度、所有制结构、行业开放度
陈德敏和张瑞（2012）	径向效率测度	方向距离函数、Tobit	中国29个地区，2000—2010年	环境规制因素、产业结构、FDI、能源结构
林伯强和杜克锐（2013b）	非径向效率测度	谢泼德能源距离函数、SFA	中国30个地区，1997—2010年	要素市场扭曲、产业结构、FDI、能源价格
Wu等（2012）	非径向效率测度	谢泼德能源距离函数、DEA	中国29个地区的工业部门，1997—2008年	—
Choi等（2012）	非径向效率测度	SBM—DEA模型	中国30个地区，2001—2010年	—
Wang等（2013a）	非径向效率测度	非径向方向距离函数、DEA	中国28个地区，2005—2010年	—
Wang等（2013b）	非径向效率测度	多方向效率模型、DEA	中国30个地区，1997—2010年	—
Lin和Du（2013）	非径向效率测度	谢泼德距离函数、共同前沿分析、SFA	中国30个地区，1997—2010年	—
Lin和Du（2014）	非径向效率测度	谢泼德距离函数、潜类别SFA模型	中国30个地区，1997—2010年	—

续表

文献	效率测度类型	研究方法	样本	影响因素
李兰冰 (2015)	径向效率测度	序贯方向距离函数	(1) 中国 28 个地区，1985—1998 年；(2) 中国 29 个地区，1999—2012 年	—
周梦玲和张宁 (2017)	非径向效率测度	谢泼德距离函数、共同前沿分析、SFA	中国 30 个地区，1998—2012 年	—

注："—"表示没有分析外生变量的影响；谢泼德距离函数是所有投入方向的距离函数，谢泼德能源距离函数特指能源导向。

2.2 环境效率评价

与能源效率指标的分类相似，环境效率指标根据定义框架的不同也可以划分为两大类：单要素环境效率指标和全要素环境效率指标。本节围绕环境效率评价的发展及其在中国的应用展开回顾和评述。

2.2.1 单要素环境效率指标

评估不同国家或地区的环境效率不仅有助于人们了解它们之间的环境绩效差异，对提高环境绩效水平也提供了有利的参考依据（Song 等，2012）。在过去几十年里，环境效率逐渐成为公众关注的热点，已经有大量的研究致力于发展评估环境效率的定量分析技术。

在早期研究中，单要素环境效率指标被广泛应用于评估环境绩效。与单要素能源效率指标类似，单要素环境效率指标为环境污染排放量与某一经济变量之间的比例。例如，Kaya 和 Yokobori（1998）提出碳生产效率（GDP 与二氧化碳排放量之比）指标，来反映一个国家或地区在追求经济增长的同时所付出的环境代价。Mielnik 和 Goldemberg（1999）提出单位能源消费的二氧化碳排放量可以作为发展中国家应对气候变化所做努力的评价标准。Sun（2005）则认为，碳强度（二氧化碳排放量与 GDP 之比）是评价一个国家或地区的能源政策以及减排效果的合适指标。

单要素环境效率指标在定义上具有直观、容易使用的优点。在这种指标下，能源强度相关的分解方法也可以用来对环境绩效变化的机理进行分析。这方面的代表性文献包括 Greening 等（1998）、Fan 等（2007）、Chen（2011）、Du 等（2017）。由于单要素环境效率指标没有考虑要素投入在生产过程中的作用，它并不能反映、评价决策单元实际污染排放量与其潜在最小排放量（实现最优生产时的排放量）之间的差距。这使得单要素环境效率指标在政策评估中具有很大的局限性。

2.2.2　全要素环境效率指标

环境污染物通常是要素投入在生产期望产出时伴随的副产品，通常称为非期望产出。为了恰当地刻画实际生产过程，许多研究在包含投入要素、期望产出和非期望产出的全要素生产框架下进行环境效率评价。与全要素能源效率的定义相似，全要素环境效率可以定义为最优污染排放量（理论上最小的污染排放量）与实际污染排放量之比。[①] 在方法论上，这个方面的研究大部分建立在数据包络分析（DEA）方法之上。[②]

将非期望产出纳入传统的 DEA 模型，主要有两种处理方式：第一种是将非期望产出看作投入要素。代表性的文献包括 Haynes 等（1998）、Lee 等（2002）、Hailu 和 Veeman（2001）。这种方法很简便并且满足了非期望产出越少越好的要求。但是，它与实际生产过程并不相符，因而遭到了一些研究者的批评。第二种是数据转换方法，即将"越少越好"的非期望产出转换为"越多越好"的新变量。然后，新的变量可以作为期望产出纳入传统 DEA 模型的分析。这方面的代表性文献有 Scheel（2001）、Seiford 和 Zhu（2002）、Hua 等（2007）。然而，这种方法意味着非期望产出与期望产出一样，可以在没有成本付出的情况下减少，这相对来说不够合理。

除了上面介绍的处理方法，近年来更为广泛使用的方法是联合生产（Joint - production）框架，这种方法将期望产出和非期望产出的弱处置性与强处置性区分开来。弱处置性是指减少非期望产出（环境污染物）需要付出成本。基于联合生产框架，研究者已经提出多种环境绩效评价模型，例如 Färe 等（1989）、Chung 等（1997）、Zaim 和 Taskin（2000）、Zhou 等（2010）、Yang

---

① 这是大部分全要素环境效率文献所定义的概念。我们注意到，它也存在一些引申的定义。例如，杜克锐和邹楚沅（2011）将碳排放效率定义为"实际碳生产率"与"最优碳生产率"之比；Zhang 和 Choi（2013a、2013c）、Zhang 等（2013d）则将碳排放效率定义为"最优碳强度"与"实际碳强度"之比。此外，在实际应用的径向效率评价模型中，除环境污染排放外，投入要素也被要求同比例缩减，因此，其计算得到的效率既反映了环境效率，也反映了其他投入要素的利用效率。

② Zhou 等（2008）提供了数据包络分析在能源和环境经济学中应用的综述。

和 Pollitt（2010）。在这些研究方法中，Chuang 等（1997）提出的方向距离函数（Directional Distance Function，DDF）被广泛应用于实证研究。例如，Boyd和 McClelland（1999）利用方向距离函数计算了在环境约束下的潜在产出损失，Färe 等（2007）利用方向距离函数估计了美国火力发电厂的技术效率和环境治理成本，Oggioni 等（2011）和 Riccardi 等（2012）在方向距离函数的基础上测算了世界水泥行业的生态效率。

方向距离函数允许在期望产出增加的同时减少非期望产出，这与人类社会可持续发展的要求是一致的。尽管方向距离函数在理论上有其自身的优点，但是也有其不足之处，即非期望产出的减少和期望产出的增量需要保持同比例。从这个意义上说，径向效率测度方法可能会低估决策单元的无效率程度。因此，学者们开始提出非径向的效率测度模型。例如，Färe 和 Grosskopf（2010）、Zhou 等（2012b）在原始方向距离函数的基础上提出了非径向的方向距离函数（Non – radial Direction Distance Function）。Tone（2004）和 Zhou 等（2006）提出了基于松弛变量的测度方法（SBM），用于评价环境绩效。Sueyoshi 等（2010）提出了 RAM 模型，用于评估美国火力发电厂的环境绩效。基于 RAM 模型，Cooper 等（2011）提出了更加灵活的 BAM 模型（王兵和宫明丽，2017）。

上述研究的一个共同特点是假设所有的决策单元都使用同一技术。然而，在现实经济中，不同的决策单元可能拥有不同的生产技术。因此，技术同质性的假设看起来过于牵强和不切实际。已有少数研究注意到技术异质性这一问题。例如，Oh 和 Lee（2010）基于共同前沿分析框架提出了考虑组别技术异质性的 Malmquist – Luenberger 生产率增长指数。Chiu 等（2012）综合了方向距离函数和共同前沿的分析方法，对环境非效率进行了分解。考虑到韩国不同类型的发电企业的技术异质性，Zhang 等（2013d）提出了一个综合非径向方向距离函数和共同前沿分析的模型。

除了利用 DEA 这种非参数方法对全要素环境效率进行分析，也有部分文献采用了参数的方法。这方面的研究主要有两种处理方式：第一种处理方式是将环境污染作为投入要素放入生产函数。例如，杜克锐和邹楚沅（2011）将二氧化碳作为一种投入要素引入超越对数生产函数，进而将碳排放效率定义为"实际碳生产率"与"最优碳生产率"之比，并且利用 SFA 模型进行了估计。然而，将环境污染作为投入要素不符合实际生产过程，因此最近的研究中较少应用。第二种处理方式是利用参数形式对方向距离函数进行刻画。这种处理方式的代表性文献是 Färe 等（2005）。Färe 等（2005）采用二次型函数对方向距离函数进行识别，并且通过方向距离函数的性质变换成可估计的方程。在此基础上，Färe 等（2005）分别使用线性规划和 SFA 对方程的参数进行估计。此外，Vardanyan 和 Noh（2006）、Murty 等（2006）、Park 和 Lim（2009）也采取了类似的方法。

这种处理方式建立在环境生产理论之上，具有良好的经济含义，因而得到了一些研究者的青睐。但是，这类方法在估计上可能存在内生性问题。为了克服这一问题，Lin 和 Du（2015）采用超越对数生产函数对谢泼德碳距离函数（Shephard carbon distance function）进行识别。Lin 和 Du（2015）进一步考虑了个体异质效应，使用面板固定效应 SFA 模型进行估计。由于参数方法在模型识别上存在一些困难，很多全要素能源效率测度模型尚未有成熟的参数估计方法。因此，总体上看，DEA 仍是全要素环境效率分析的主流方法。此外，还有一些文献（例如，白雪洁和宋莹，2008；黄德春等，2012；刘亦文和胡宗义，2015）综合使用了 DEA 和 SFA 的多阶段估计方法。其主要思路是先使用 DEA 模型进行效率估计，然后利用 SFA 模型对投入或者产出的松弛变量进行调整以消除外生变量和统计噪声的影响，最后用调整后的投入产出变量进行 DEA 效率计算。

随着我国环境问题的日益突出，有关中国地区环境绩效的评价也得到了学者的广泛关注。近年来，这方面的文献大量涌现。[①] 许多学者利用不同的方法对中国地区的全要素碳排效率及减排潜力进行了测算。例如，王群伟等（2010）使用谢泼德碳距离函数考察了中国各个地区的动态碳排放绩效。Guo 等（2011）利用径向的环境 DEA 模型估计了中国 29 个省份的二氧化碳排放效率，并且从节能技术和能源结构调整角度计算了它们的减排潜力。Choi 等（2012）利用 SBM 模型估计了中国地区的二氧化碳减排潜力和边际减排成本。Wang 等（2012）使用一组不同方向的 DEA 模型对中国地区二氧化碳排放效率进行了评价。Wang 等（2013c）使用 RAM - DEA 方法估计了 2006—2010 年的中国地区能源效率和环境效率。Wang 等（2013b）使用多方向效率分析方法考察了中国各个省份的二氧化碳排放效率。Zhang 和 Choi（2013a）利用非径向方向距离函数和共同前沿分析方法对中国火力发电企业的二氧化碳排放效率进行了分析。汪克亮等（2016）采用非径向距离函数测度了中国 2006—2013 年 30 个省份的二氧化硫、氮氧化物、烟粉尘排放效率。

---

① 分别以环境效率为主题、篇名和关键词对中国知网数据库进行搜索，可以找到大量的文献。但笔者仔细阅读文献后发现，大部分文献实际上分析的是环境约束下的技术效率或全要素生产率，其测度的是整个经济的综合绩效。笔者将在下一节对此类文献进行梳理。

2.3　综合效率评价

全要素能源效率评价和全要素环境效率评价侧重于能源和环境维度的评价。从方法论上看，这类指标实质上是效率分析的应用。效率分析还被广泛地运用于整个经济综合技术效率的评价。正如上文所讨论的，Hu 和 Wang（2006）所定义的全要素能源效率指标所测度的是整个经济的技术效率。传统效率分析框架中只考虑投入和期望产出。随着人们对环境问题日益关注，效率分析也逐渐扩展到考虑非期望产出的环境生产理论，进而可以对环境约束下的经济绩效进行评估。

Chung 等（1997）提出的方向距离函数是进行环境约束下的经济绩效评估的主要方法之一。每个决策单元使用投入向量 $x \in R_+^Z$ 联合生产期望产出 $y \in R_+^J$ 和非期望产出 $b \in R_+^H$。根据环境生产理论，我们可以用以下集合刻画该生产技术：

$$P = \{(x,y,b):x \text{ 可以生产}(y,b)\} \qquad (2.3)$$

在生产理论上，集合 P 通常被假设满足以下公理：（1）期望产出（y）和投入（x）是可自由处置的（Freely disposable）；（2）非期望产出（b）是弱可处置的（Weakly disposable），即非期望产出的处理是有成本的；（3）零结合性生产（Null – jointness production），只有当期望产出（y）为零时，非期望产出（b）才可能为零；（4）不生产总是可能的，有限的投入只能生产有限的产出。

在式（2.3）的基础上，方向距离函数可以表示为

$$\vec{D}(x,y,b;g) = \sup\{\beta \mid (x,y,b) + \beta \cdot g \in P\} \qquad (2.4)$$

其中，g 是方向向量，决定了各投入产出变量的缩减（扩张）方向；β 是各投入产出变量缩减（扩张）的规模因子。一般情况下，可以设置 $g = (-x;y;-b)$。在这种情形下，β 测度了投入产出共同的可缩减（扩张）比例，$\vec{D}(x,y,b;g)$ 则是最大的可缩减（扩张）比例，反映了决策单元偏离有效生产边界的程度。因此，$\vec{D}(x,y,b;g)$ 可以用来评价决策单元的经济效率。为了进一步测度环境约束下的全要素生产率，Chung 等（1997）进一步定义了 Malmquist – Luenberger 生产率指数：

$$ML_{t,t+1} = \left[\frac{1 + \vec{D}_t(x_t, y_t, b_t; g_t)}{1 + \vec{D}_t(x_{t+1}, y_{t+1}, b_{t+1}; g_{t+1})} \times \frac{1 + \vec{D}_{t+1}(x_t, y_t, b_t; g_t)}{1 + \vec{D}_{t+1}(x_{t+1}, y_{t+1}, b_{t+1}; g_{t+1})} \right]^{1/2}$$

(2.5)

Malmquist – Luenberger 生产率指数是 Färe 等（1994）提出的 Malmquist 生产率指数的扩展，进一步考虑环境因素的影响。

方向距离函数要求所有投入和产出同比例变动，是一种径向的效率测度方法，可能会高估决策单元的效率值。针对这一问题，Tone（2004）提出了 SBM 模型。SBM 模型利用投入和产出的松弛变量进行效率指标的构造。具体的 SBM 模型形式如下：

$$\rho = \min_{\{\lambda_1, \cdots, \lambda_N, s^x, s^y, s^b\}} \frac{1 - \frac{1}{Z}(\sum_{i=1}^{Z} s_i^x / x_{i0})}{1 + \frac{1}{J+H}(\sum_{i=1}^{J} s_i^y / y_{i0} + \sum_{i=1}^{H} s_i^b / b_{i0})}$$

$$\text{s. t. } \sum_{n=1}^{N} \lambda_n x_{in} + s_i^x = x_{i0}, i = 1, \cdots, Z$$

$$\sum_{n=1}^{N} \lambda_n y_{in} - s_i^y = y_{i0}, i = 1, \cdots, J$$

$$\sum_{n=1}^{N} \lambda_n b_{in} - s_i^b = b_{i0}, i = 1, \cdots, H$$

$$\lambda_n \geqslant 0, n = 1, \cdots, N$$

(2.6)

Tone（2004）提出的 SBM 模型只能对经济效率进行静态评价，而不能对全要素生产率进行测度，即进行动态效率评价。有鉴于此，Fukuyama 和 Weber（2009）结合了 SBM 和 DDF 的思想，提出了 SBM 方向距离函数，进而构建了 Luenberger 生产率指数。SBM 方向距离函数的具体形式如下：

$$\vec{D}^{SBM}(x, y, b; g) = \max_{\{\lambda_1, \cdots, \lambda_N, s^x, s^y, s^b\}} \frac{\frac{1}{Z} \sum_{i=1}^{Z} \frac{s_i^x}{g_i^x} + \frac{1}{J+H}\left(\sum_{i=1}^{J} \frac{s_i^y}{g_i^y} + \sum_{i=1}^{H} \frac{s_i^b}{g_i^b}\right)}{2}$$

$$\text{s. t. } \sum_{n=1}^{N} \lambda_n x_{in} + s_i^x = x_{i0}, i = 1, \cdots, Z$$

$$\sum_{n=1}^{N} \lambda_n y_{in} - s_i^y = y_{i0}, i = 1, \cdots, J$$

$$\sum_{n=1}^{N} \lambda_n b_{in} - s_i^b = b_{i0}, i = 1, \cdots, H$$

$$s_i^x \geqslant 0, s_i^y \geqslant 0, s_i^b \geqslant 0$$

$$\lambda_n \geqslant 0, n = 1, \cdots, N \qquad (2.7)$$

SBM 方向距离函数 $\vec{D}^{SBM}(x, y, b; g)$ 测度了决策单元各个投入和产出的平均无效率程度。在式（2.7）的基础上，

$$LPI_{t,t+1} = \frac{1}{2}\left[\vec{D}_t^{SBM}(x_t, y_t, b_t; g_t) - \vec{D}_t^{SBM}(x_{t+1}, y_{t+1}, b_{t+1}; g_{t+1})\right]$$

$$+ \frac{1}{2}\left[\vec{D}_{t+1}^{SBM}(x_t, y_t, b_t; g_t) - \vec{D}_{t+1}^{SBM}(x_{t+1}, y_{t+1}, b_{t+1}; g_{t+1})\right] \qquad (2.8)$$

与 Tone（2004）的处理方式不同，Zhou 等（2012b）对 Chung 等（1997）的方向距离函数进行修改，将其扩展为非径向的方向距离函数。非径向方向距离函数的具体形式为

$$\vec{D}^{non}(x, y, b; g) = \sup_{\beta \geqslant 0}\{w^T\beta : (x, y, b) + diag(\beta) \cdot g \in P\} \qquad (2.9)$$

其中，w 是权重向量；g 是方向向量，决定了各投入产出变量的缩减（扩张）方向；β 是各投入产出变量的缩减（扩张）的规模因子。与式（2.4）不同的是，在这里，β 是一个向量而非标量，这意味着各投入产出变量可以以不同的比例进行变动，从而克服了原始方向距离函数的缺陷。

需要指出的是，这里所界定的综合效率，其实质是综合反映投入要素利用效率、环境缩减可能和产出扩张可能的综合效率。前文所提到的全要素能源效率和全要素环境效率都只考虑了能源和环境维度的缩减可能。我们可以把整个经济看成一个大系统，而把能源或环境看成子系统。近年来逐渐流行的网络 DEA 方法，可以用于评价整个系统和各个子系统的效率。这方面的文献可参考 Färe 和 Grosskopf（2000）、Hua 和 Bian（2008）、Tone 和 Tsutsui（2009）等。

在经验研究方面，已有大量文献对中国环境约束下的经济效率进行实证分析。例如，胡鞍钢等（2008）采用方向距离函数对中国 30 个省份在 1999—2005 年环境约束下的技术效率进行排名。涂正革（2008）也采用相同方法测度了中国 30 个省份的工业部门在环境约束下的技术效率，用于考察中国地区环境、资源与工业增长的协调性。胡玉莹（2010）利用 SBM 模型对中国 30 个省份 2000—2007 年环境约束下的技术效率进行测度并对其影响因素进行考察。涂正革和刘磊珂（2011）则用 SBM 模型实证考察了中国 30 个省份的工业部门在 1998—2008 年环境约束下的经济绩效。Zhang 等（2014）利用非径向方向距离函数构造了能源环境绩效指标和综合绩效指标，在此基础上实证分析了中国火力发电企业的绩效与规模控制政策之间的关系。

此外，还有不少文献对中国环境约束下的全要素生产率进行考察。例如，

杨俊和邵汉华（2009）使用了基于方向距离函数的 Malmquist – Luenberger 生产率指数，对 1998—2007 年中国各地区工业在环境约束下的全要素生产率进行测度，其主要发现是，技术进步是中国生产率提升的主要推动力，地区全要素生产率与人均 GDP、资本劳动比和外商直接投资密切相关。陈诗一（2010）使用相同的方法对中国 38 个工业部门两位数的子行业在 1980—2008 年的绿色生产率增长进行测度。庞瑞芝和李鹏（2011）则使用基于序列 SBM 方向性距离函数的 Luenberger 生产率指数对中国各省份的工业部门在 1985—2009 年环境约束下的增长绩效进行评价，主要结论是改革开放的区域不平衡发展策略拉大了东部地区和中西部地区的工业发展差距，过去十多年间的中西部扶持政策并未有效改变其工业落后的格局，高耗能、高污染产业的西迁进一步加剧了地区间的新型工业化差距。陈诗一（2012）也采用了 SBM 方向性距离函数测度中国各省份在二氧化碳排放约束下的全要素生产率对各个地区的低碳经济转型进行评估。表 2.3 对有关中国综合效率评价的代表性文献进行了归纳和总结。

表 2.3 研究中国综合效率的代表性文献

文献	主题	研究方法	效率测度类型	环境指标	样本
胡鞍钢等（2008）	经济效率	方向距离函数	径向效率测度	CO_2、SO_2、COD、固体废弃物、废水	中国 30 个省份，1999—2005 年
涂正革（2008）	经济效率	方向距离函数	径向效率测度	SO_2	中国 30 个省份的工业部门，1998—2005 年
李静（2009）	经济效率	SBM 模型	非径向效率测度	废水、废气、固体废弃物	中国 28 个省份，1990—2006 年
胡玉莹（2010）	经济效率	SBM 模型	非径向效率测度	CO_2	中国 30 个省份，2000—2007 年
周五七和聂鸣（2012）	经济效率	SBM 模型	非径向效率测度	CO_2	中国 30 个省份的工业部门，1998—2009 年
刘瑞翔（2012）	经济效率	SBM 方向性距离函数	非径向效率测度	废水、固体废弃物、SO_2	中国 29 个省份，1989—2009 年
Zhang 等（2014）	能源—环境综合效率	非径向方向距离函数	非径向效率测度	CO_2	中国 252 家火力发电企业

续表

文献	主题	研究方法	效率测度类型	环境指标	样本
杨俊和邵汉华（2009）	全要素生产率	方向距离函数，Malmquist – Luenberger 生产率指数	径向效率测度	SO_2	中国 30 个省份，1998—2007 年
陈诗一（2010）	全要素生产率	方向距离函数，Malmquist – Luenberger 生产率指数	径向效率测度	CO_2	中国 38 个工业两位数子行业，1980—2008 年
庞瑞芝和李鹏（2011）	全要素生产率	序列 SBM 方向性距离函数，Luenberger 生产率指数	非径向效率测度	CO_2、SO_2、COD	中国各省份的工业部门，1985—2009 年
陈诗一（2012）	全要素生产率	SBM 方向性距离函数，Luenberger 生产率指数	非径向效率测度	CO_2、SO_2、COD、固体废弃物、废水、工业废气	中国 31 个省份，1985—2010 年
王兵等（2011）	经济效率，全要素生产率	SBM 方向性距离函数，Luenberger 生产率指数	非径向效率测度	SO_2、COD	中国 30 个省份，1998—2007 年
孙传旺等（2010）	全要素生产率	方向距离函数，Malmquist – Luenberger 生产率指数	非径向效率测度	CO_2	中国 29 个省份，2000—2007 年
林伯强和刘泓汛（2015）	能源和环境综合效率	非径向方向距离函数	非径向效率测度	CO_2	中国 23 个工业子行业，2003—2012 年
王娟等（2016）	能源和环境综合效率	自然处置性和管理处置性下的 RAM 模型	非径向效率测度	CO_2	中国 36 个工业子行业，2006—2012 年
庞瑞芝和王亮（2016）	环境全要素生产率	Bootstrap 两阶段分析方法	径向效率测度	CO_2，SO_2	中国 30 个省份的服务业，2010—2013 年

续表

文献	主题	研究方法	效率测度类型	环境指标	样本
王兵和罗佑军（2015）	生产效率、环境治理效率、综合效率	基于 RAM 网络 DEA 模型	非径向效率测度	SO_2、COD	中国 29 个省份，2001—2010 年
王兵等（2014）	绿色发展效率	RAM 模型	非径向效率测度	化学需氧量、SO_2、NO_x	中国 112 个环保重点城市，2005—2010 年
李涛（2013）	经济效率、碳环境效率、综合效率	RAM 模型	非径向效率测度	CO_2	中国 29 个省份，1998—2010 年

2.4　结语

本章对能源效率、环境效率以及综合经济绩效评价的相关文献进行了梳理和评述，重点回顾和总结了效率测度方法的发展脉络及与中国相关的经验研究。在方法论上，首先，单要素效率指标的分解框架已经发展得比较完善，许多成熟的分解方法已经在实践中得到大量的应用。其次，效率分析已经从径向效率测度向非径向效率测度演变，进而提高了效率测度的准确性。SBM 模型和非径向方向距离函数的提出丰富了效率测度的方法。在估计上，个体异质性逐渐受到研究者的重视。共同前沿分析方法是目前使用最为广泛的方法。在经验研究上，大量的文献采用了不同的研究方法对中国能源效率、环境效率和综合效率进行了广泛而深入的讨论，得到了很多深刻的结论，加深了我们对中国能源效率、环境效率和经济绩效的认识。然而，现有研究还存在以下几个方面的不足，有待进一步完善。

首先，现有文献广泛地使用全要素生产框架进行研究，但许多文献在绩效定义上存在一些混淆。例如，一些文献直接将纳入能源和环境变量的 SBM 模型所得到的效率指标定义为全要素能源效率或者全要素环境效率。在 SBM 模型中，所有投入要素、期望产出和非期望产出的缩减或者扩张都对效率指标有贡献。在这种情况下，SBM 模型直接得到的效率指标测度的是整个经济的综合效率。在实证研究中，研究者需要明确其效率的内涵，进行明确的定义，在此基础上选择合理的模型。

其次，IDA 模型和 PDA 模型对数据的要求较低，因而受到研究者的青睐。但是，这两种分解模型自身都存在一些缺陷。IDA 模型不能对技术进步、技术效率变化和要素间替代等基本因素进行分析，而 PDA 模型在测度结构效应上存在不一致性。林伯强和杜克锐（2014）提出的综合分解模型可以有效解决以上问题。但是，因素分解模型只能涵盖一些直接的影响因素，不能分析市场、政策和制度等重要因素的影响。

再次，研究中国全要素能源效率的文献大部分采用了径向的测度方法，可能会高估中国的能源效率。在估计方法上，只有少数文献注意到我国地区间的技术异质性问题。这一问题也出现在中国地区二氧化碳排放效率和减排潜力的相关研究上。忽略地区间的技术异质性不但会带来效率评价的偏差，而且会导致错误估计中国地区的节能减排潜力。

最后，许多文献对我国能源和环境效率的影响因素进行了分析。但是，现有文献所关注的影响因素主要是一些经济变量，如经济结构、能源价格、能源消费结构和对外贸易等，很少有文献关注到我国正处于市场化转型阶段，制度可能是影响我国地区能源和环境绩效的更为根本的因素。事实上，在政府淘汰落后产能等行政措施的操作空间将大大减小的情况下，节能减排政策的制定应当着力于能源市场的完善。这方面的研究可以为政府政策的制定和实施提供理论参考。

3 中国能源强度快速下降的
驱动因素分析[①]

3.1 引言

能源强度是评价一个国家（地区）能源综合利用效率的常用指标之一，体现了一个国家（地区）在经济发展过程中所付出的资源环境代价。随着我国能源消费量的快速增长，以及能源供需矛盾和环境问题的日益突出，提高能源综合利用效率成为当务之急。我国政府在"十一五"规划和"十二五"规划中分别制定了20%和16%的能源强度下降目标。因此，对能源强度变化的机理进行深入的分析，无疑具有重大的理论价值和现实意义。

改革开放以来，我国能源强度的变化趋势大致可以分为三个阶段，即1978—2002年的快速下降阶段、2002—2005年的反弹阶段和2005—2010年的稳步下降阶段。[②] 中国能源强度的这种波动式下降引起了国内外学者的广泛关注，许多文献对此展开了深入的研究。从研究方法来看，指数分解法（Index Decomposition Analysis，IDA）是使用最为广泛的方法，代表性文献包括 Huang（1993）、Sinton 和 Levine（1994）、Zhang（2003）、Ma 和 Stern（2008）、周勇和李廉水（2006）、齐志新和陈文颖（2006）、吴巧生和成金华（2006）、刘佳骏等（2011）、郑义和徐康宁（2012）等。

在 IDA 框架下，能源强度的变化主要分解为三个效应：强度效应、产业结构效应和能源消费结构效应。实质上，IDA 是一种经济核算的方法，这使得其分解效应项在定义上非常直观。例如，强度效应是指产业部门自身能源强度

---

① 本章的主要内容以"理解中国能源强度的变化：一个综合的分解框架"为题发表于《世界经济》（2014年第4期）。

② 根据 CEIC 中国数据库的测算，中国以1978年价格水平计算的单位 GDP 能耗从1978年的15.7吨/万元快速下降到2002年的4.9吨/万元，随后反弹到2005年的5.3吨/万元，从2006年起稳步下降到2010年的4.3吨/万元。

发生变化所引起的整体能源强度的变化。IDA 具有数据获得性较好和分解过程简单的优点，但其缺点在于难以对经济现象提供合理解释。这一点主要体现在强度效应上。IDA 以产业部门的能源强度变化来解释整体能源强度的变化，但由此自然产生的一个问题是产业部门的能源强度变化由哪些因素决定。IDA 框架缺乏对产业部门能源强度变化的机理分析，难以进行合理的经济学解释。因此，很多文献，例如 Huang（1993）、Sinton 和 Levine（1994）、Ma 和 Stern（2008）将部门能源强度的下降（上升）简单视为技术进步（退步），从而回避了这一问题。但事实上，部门能源强度的下降并不完全等同于技术进步。除了技术进步，技术效率的提高及能源与其他投入要素之间的替代也会导致部门能源强度降低（林伯强和杜克锐，2013）。

为了给能源强度变化提供更好的经济学解释，Wang（2007）提出了基于生产理论的分解方法（Production – theory Decomposition Analysis，PDA）。[①] 具体而言，Wang（2007）基于谢泼德产出距离函数（Shephard output distance function）将能源强度的变化分解为产业结构效应、能源结构效应（能源间替代效应）、生产技术效应、技术效率效应、资本能源替代效应和劳动能源替代效应。从这个角度而言，PDA 不但为能源强度的变化提供了更好的经济学解释，而且其分解结果具有更多的政策含义。在实证方面，Wang（2011）、孙广生等（2012）、林伯强和杜克锐（2013）利用不同的 PDA 模型对我国地区能源强度的变化进行了实证分析。

虽然 PDA 具有较强的经济解释能力，但主要的缺陷在于其对产业结构效应和能源消费结构效应的测度可能会给出与现实相悖的结论。具体而言，当产业结构从高能耗产业向低能耗产业转移时，我们预计这种产业结构的改变会降低经济整体的能源强度。然而，PDA 分解可能会给出相反的结论。例如，Wang（2011）的实证结果显示，1990—2005 年，北京和上海产业结构的变化对其能源强度的下降产生了负面影响。然而，现实情况是北京和上海在此期间的产业结构从第二产业大幅向第三产业转移。[②] 类似的情形也会出现在能源结构效应的测度上。当能源结构改善（能源消费从低质量能源品种向高质量能

---

① 在 PDA 文献方面，Wang（2007，2011）、孙广生等（2012）、林伯强和杜克锐（2013）都对能源生产率（能源强度的倒数）的变化进行了分解。对这些分解模型取倒数就是对能源强度变化的分解。为了讨论的方便，本书将其等同于对能源强度的分解。

② 根据《中国统计年鉴》，1990—2005 年，北京和上海的第二产业产出比重分别从 52.4% 和 64.7% 下降到 29.1% 和 47.4%，而第三产业产出比重则分别从 38.8% 和 30.9% 上升到 69.6% 和 51.6%。

源品种转移）时，我们合理的预期是能源结构的转变应该可以促进能源强度的降低，至少不会对能源强度的下降产生负面影响。然而，PDA 往往也会给出相悖的结果①。由此可见，PDA 在产业结构效应和能源结构效应的测度上不具备良好的性质。

PDA 在结构效应测度上存在缺陷的原因在于，所有结构成分在产出距离函数中是对称的，PDA 没有反映不同产业部门（能源品种）的不同属性。具体而言，第三产业能耗比第二产业低等特征并没有在产出距离函数中体现出来，因而无法反映产业结构变化的真实效应。举个简单的例子，考虑如下经济结构变化：第二产业产出比重有较大的下降，第一产业产出比重不变，则第三产业产出比重以第二产业下降的幅度上升。在 PDA 模型中，三个产业的产出比重同时包含在产出距离函数中。这种结构变化对产出距离函数产生两个相反的作用：一方面，第二产业比重下降使产出距离函数的值变小；另一方面，第三产业比重上升使产出距离函数的值变大。当后者的作用大于前者时，便会出现与我们预期不符的结论（这种产业结构变化会使能源强度上升）。

为了克服 IDA 和 PDA 的不足，本章尝试将 IDA 和 PDA 的优点结合起来，形成一个综合的分解框架。本章的基本思路包含两个阶段的分解：第一阶段利用 IDA 将整体能源强度变化分解为部门能源强度变化（sectoral energy intensity change）、产业结构变化和能源结构变化三个部分；第二阶段基于 PDA，将部门能源强度变化进一步分解为生产技术效应、技术效率效应、资本能源替代效应和劳动能源替代效应。综合第一阶段和第二阶段的分解，本章建立了一个完整的能源强度变化分解模型。显然，本章的分解模型进一步拓展了 IDA 框架，为能源强度的变化提供了生产理论层面上（技术因素和要素替代因素）的解释。本章模型克服了 PDA 在产业结构效应和能源消费结构效应上的缺陷，使分解结果更合理。

利用提出的综合分解框架，本章首先对我国 30 个省份 2003—2010 年能源强度变化的驱动影响进行了实证分析。我国幅员辽阔，地区资源禀赋各异，经济发展水平也各不相同。因此，各地区的能源强度变化及其驱动因素势必有差别。对不同地区进行研究不但可以加深我们对我国能源强度变化的理解，而且能够为地区能源政策的制定及实施提供科学的依据。其次，在对地区产业部门能源强度变化进行分解的基础上，本章进一步分析了我国整体能源强度及其影响因素的变化趋势。最后，本章对我国能源强度下降的各地贡献度进行了分

---

① 这样的例子出现在 Wang（2007）。

析。在现行制度安排下，全国的能源强度下降目标都是分解到各个行政区，进而促使各地区进行经济调整而实现的。因此，系统性地考察全国能源强度变化中的地区贡献，可以为更好地实现全国节能目标提供有价值的理论指导。

3.2　理论模型与数据来源

3.2.1　模型构建

3.2.1.1　第一阶段分解：IDA 模型

研究者提出了多种指数分解方法。根据分解方法所依据的指数理论基础，这些方法大致可以分为两类：拉氏指数分解法（Laspeyres index methods）和迪氏指数分解法（Divisia index methods）。由于分解的不完全性，拉氏指数分解法现在已经很少使用。迪氏指数分解法经过能源经济学家的努力，已经形成了一个比较完善的分解框架。Ang（2004）对各种指数分解方法进行了比较，认为对数平均迪氏指数分解法（LMDI）不但容易运用，而且具有时间可逆、因素可逆、聚合性和零值稳健等良好性质，是一种最优的方法。因此，在第一阶段分解的 IDA 模型（简称 IDA）中，本章采用对数平均迪氏指数分解法。

为方便起见，我们做以下符号定义：

$Y_{i,t}^n$：地区 n 的产业部门 i 在时期 t 的产出；

Y_t^n：地区 n 在时期 t 的产出；

Y_t：整个国家在时期 t 的总产出；

$S_{i,t}^n$：在时期 t，产业部门 i 的产出在地区 n 总产出中所占的份额（$Y_{i,t}^n/Y_t^n$）；

R_t^n：在时期 t，地区 n 的产出在全国总产出中所占的份额（Y_t^n/Y_t）；

$E_{ij,t}^n$：地区 n 的产业部门 i 在时期 t 的第 j 种能源消费量；

$E_{i,t}^n$：地区 n 的产业部门 i 在时期 t 的总能源消费量；

E_t^n：地区 n 在时期 t 的总能源消费量；

E_t：整个国家在时期 t 的总能源消费量；

$EI_{i,t}^n$：地区 n 的产业部门 i 在时期 t 的能源强度（$E_{i,t}^n/Y_{i,t}^n$）；

EI_t^n：地区 n 在时期 t 的能源强度（E_t^n/Y_t^n）；

EI_t：整个国家在时期 t 的能源强度（E_t/Y_t）；

$F_{ij,t}^n$：在时期 t，地区 n 的产业部门 i 消费的第 j 种能源占其能源总消费的份额（$E_{ij,t}^n/E_{i,t}^n$）。

其中, $n = 1, \cdots, N; i = 1, \cdots, I; j = 1, \cdots, J$。

由以上定义, 我们可将地区 n 的能源强度表示为

$$EI_t^n = \sum_{i=1}^{I} \sum_{j=1}^{J} \frac{E_{i,t}^n}{Y_{i,t}^n} \frac{Y_{i,t}^n}{Y_t^n} \frac{E_{ij,t}^n}{E_{i,t}^n}$$

$$= \sum_{i=1}^{I} \sum_{j=1}^{J} EI_{i,t}^n S_{i,t}^n F_{ij,t}^n \quad (3.1)$$

根据 Ang (2005), 利用 LMDI 乘法形式的分解方法, 能源强度的变化可以分解为

$$D_{tot}^n = \frac{EI_t^n}{EI_\tau^n} = \exp\left\{ \sum_{i=1}^{I} \sum_{j=1}^{J} \frac{L(EI_{i,t}^n S_{i,t}^n F_{ij,t}^n, EI_{i,\tau}^n S_{i,\tau}^n F_{ij,\tau}^n)}{L(EI_t^n, EI_\tau^n)} \ln \frac{EI_{i,t}^n}{EI_{i,\tau}^n} \right\}$$

$$\times \exp\left\{ \sum_{i=1}^{I} \sum_{j=1}^{J} \frac{L(EI_{i,t}^n S_{i,t}^n F_{ij,t}^n, EI_{i,\tau}^n S_{i,\tau}^n F_{ij,\tau}^n)}{L(EI_t^n, EI_\tau^n)} \ln \frac{S_{i,t}^n}{S_{i,\tau}^n} \right\}$$

$$\times \exp\left\{ \sum_{i=1}^{I} \sum_{j=1}^{J} \frac{L(EI_{i,t}^n S_{i,t}^n F_{ij,t}^n, EI_{i,\tau}^n S_{i,\tau}^n F_{ij,\tau}^n)}{L(EI_t^n, EI_\tau^n)} \ln \frac{F_{ij,t}^n}{F_{ij,\tau}^n} \right\}$$

$$= D_{sei}^n \times D_{str}^n \times D_{ec}^n \quad (3.2)$$

其中, $L(\cdot, \cdot)$ 是权重函数, 其具体形式如下:

$$L(x, y) = \begin{cases} (x-y)/(\ln x - \ln y) & x \neq y \\ x & x = y \end{cases} \quad (3.3)$$

式 (3.2) 将地区 n 从时期 τ 到时期 t 的能源强度变化分解为三个部分: 强度效应 (D_{sei}^n)、产业结构效应 (D_{str}^n) 和能源结构效应 (D_{ec}^n)。产业结构效应是指各个产业部门的产出比重变化所引起的能源强度变化。能源结构效应是指各种能源消费量在总能源消费量中的份额变化所导致的能源强度变化。事实上, 能源消费结构变化也反映了不同能源品种之间的替代, 因此本书将能源结构效应称为能源间替代效应。强度效应 (D_{sei}^n) 是指部门能源强度 (sectoral energy intensity) 变化所引起的地区整体能源强度变化。从式 (3.2) 我们可以看到, IDA 各分解成分的定义是非常直观的, 例如产业结构效应是由各个产业份额变化构成的综合指数, 以 $L(EI_{i,t}^n S_{i,t}^n F_{ij,t}^n, EI_{i,\tau}^n S_{i,\tau}^n F_{ij,\tau}^n)/L(EI_t, EI_\tau)$ 为权重。在这个意义上, IDA 本质上是一种经济核算的方法。因此, IDA 在测度产业结构效应和能源结构效应上优于 PDA。[①]

3.2.1.2 第二阶段分解: PDA 模型

为了进一步分析引起部门能源强度变化的机理, 本章进行第二阶段的分

---

① PDA 利用不同产业结构和能源消费结构所对应的产出距离函数之间的变化来测度产业结构效应和能源结构效应, 具体的公式定义请参阅 Wang (2007)。

解，即利用 PDA 模型（简称 PDA）将各个产业部门的能源强度变化进行分解。PDA 模型是建立在谢泼德距离函数（Shephard distance function）基础上的。因此，我们需要对生产技术进行设定。首先，我们将每个地区的每个产业部门都看作一个决策单元（Decision – making Unit, DMU）。其次，本书假定每个 DMU 都以劳动（L）、资本（K）和能源（E）作为投入要素生产单一商品（Y）。[①] 考虑到不同产业部门具有不同的生产特征，本书为不同的产业部门构造不同的生产技术集。具体而言，产业部门 i 在 t 时期的生产技术可以表示为

$$T_{i,t} = \left\{ (E_{i,t}, L_{i,t}, K_{i,t}, Y_{i,t}) : (E_{i,t}, L_{i,t}, K_{i,t}) \text{ 可以生产 } Y_{i,t} \right\} \tag{3.4}$$

为了使生产技术具有良好的性质，本书进一步假定生产技术集为有界闭集。参考 Wang（2007，2011）、孙广生等（2012）、林伯强和杜克锐（2013）等，本书定义时期 t 的谢泼德产出距离函数（以下简称产出距离函数）如下：

$$D_{i,t}^n(E_{i,t}^n, L_{i,t}^n, K_{i,t}^n, Y_{i,t}^n) = \inf\left\{ \theta : (E_{i,t}^n, L_{i,t}^n, K_{i,t}^n, Y_{i,t}^n/\theta) \in T_{i,t} \right\} \tag{3.5}$$

从式（3.5）可以看出，产出距离函数的倒数（$1/\theta$）刻画了决策单元在给定生产技术和投入情况下其产出的最大扩张比例，即产出距离函数反映了 DMU 的现实生产行为与其生产边界之间的距离。因此，产出距离函数通常用于测度 DMU 的技术效率。当产出距离函数小于 1 时，DMU 偏离生产边界，意味着投入资源未得到最有效的利用，因而存在技术无效率；产出距离函数的值越低，其效率值越低。当且仅当产出距离函数等于 1 时，DMU 位于生产边界之上，即各种投入资源得到充分的利用，此时决策单元是技术有效率的。

以时期 t 的生产技术作为基准，本书可以将产业部门 i 在时期 τ 到时期 t 的能源强度变化分解如下[②]：

$$\frac{EI_{i,t}^n}{EI_{i,\tau}^n} = \frac{D_{i,\tau}^n(E_{i,\tau}^n, K_{i,\tau}^n, L_{i,\tau}^n, Y_{i,\tau}^n)}{D_{i,t}^n(E_{i,t}^n, K_{i,t}^n, L_{i,t}^n, Y_{i,t}^n)} \times \frac{D_{i,t}^n(E_{i,\tau}^n, K_{i,\tau}^n, L_{i,\tau}^n, Y_{i,\tau}^n)}{D_{i,\tau}^n(E_{i,\tau}^n, K_{i,\tau}^n, L_{i,\tau}^n, Y_{i,\tau}^n)}$$

$$\times \left[\frac{D_{i,t}^n(1, k_{i,t}^n, l_{i,t}^n, 1)}{D_{i,t}^n(1, k_{i,\tau}^n, l_{i,\tau}^n, 1)} \times \frac{D_{i,t}^n(1, k_{i,\tau}^n, l_{i,\tau}^n, 1)}{D_{i,t}^n(1, k_{i,t}^n, l_{i,t}^n, 1)} \right]^{\frac{1}{2}}$$

$$\times \left[\frac{D_{i,t}^n(1, k_{i,t}^n, l_{i,t}^n, 1)}{D_{i,t}^n(1, k_{i,\tau}^n, l_{i,\tau}^n, 1)} \times \frac{D_{i,t}^n(1, k_{i,\tau}^n, l_{i,t}^n, 1)}{D_{i,t}^n(1, k_{i,t}^n, l_{i,\tau}^n, 1)} \right]^{\frac{1}{2}}$$

$$= TEC_i^n \times TC_i^n(\tau) \times KE_{i,t}^n \times LE_{i,t}^n \tag{3.6}$$

其中，$k = K/E$ 和 $l = L/E$ 分别表示资本能源比和劳动能源比。式（3.6）等号右边前两项分别是技术效率变化和生产技术变化的倒数，刻画了技术效率变化

---

① 这是一个典型的新古典生产框架。

② 具体推导可以参阅附录。

和生产技术变化所导致的部门 i 的能源强度变化，因此分别称为技术效率效应和生产技术效应。显然，技术效率的提升和技术进步可以促进能源强度的下降。技术效应和效率效应两项的乘积正是 Malmquist 全要素生产率指数的倒数，因而这两项之积测度了全要素生产率变化所引起的能源强度变化。第三项和第四项分别表示资本能源比和劳动能源比变化所带来的部门 i 的能源强度变化，刻画了资本能源替代和劳动能源替代对能源强度变化的效应。资本能源替代效应和劳动能源替代效应具有以下良好性质：当 $l_{i,t}^{n} > (<) l_{i,\tau}^{n}$ 时，$LE_{i,t}^{n} \leq (\geq) 1$，即能源强度与劳动能源比呈反方向变动；当 $k_{i,t}^{n} > (<) k_{i,\tau}^{n}$ 时，$KE_{i,t}^{n} \leq (\geq) 1$，即能源强度与资本能源比呈反方向变动。资本能源比和劳动能源比的变化反映了生产过程中资本、劳动与能源投入之间产生了相对替代。资本（劳动）能源比下降意味着生产活动中更多地使用能源，即能源对资本（劳动）产生了替代作用。这个性质说明资本和劳动对能源的替代可以降低能源强度。

类似地，如果以时期 τ 的生产技术作为基准，则产业部门 i 的能源强度变化分解为

$$\frac{EI_{i,t}^{n}}{EI_{i,\tau}^{n}} = \frac{D_{i,\tau}^{n}(E_{i,\tau}^{n}, K_{i,\tau}^{n}, L_{i,\tau}^{n}, Y_{i,\tau}^{n})}{D_{i,t}^{n}(E_{i,t}^{n}, K_{i,t}^{n}, L_{i,t}^{n}, Y_{i,t}^{n})} \times \frac{D_{i,t}^{n}(E_{i,t}^{n}, K_{i,t}^{n}, L_{i,t}^{n}, Y_{i,t}^{n})}{D_{i,\tau}^{n}(E_{i,t}^{n}, K_{i,t}^{n}, L_{i,t}^{n}, Y_{i,t}^{n})}$$

$$\times \left[\frac{D_{i,\tau}^{n}(1, k_{i,t}^{n}, l_{i,\tau}^{n}, 1)}{D_{i,\tau}^{n}(1, k_{i,\tau}^{n}, l_{i,\tau}^{n}, 1)} \times \frac{D_{i,\tau}^{n}(1, k_{i,t}^{n}, l_{i,t}^{n}, 1)}{D_{i,\tau}^{n}(1, k_{i,\tau}^{n}, l_{i,t}^{n}, 1)} \right]^{\frac{1}{2}}$$

$$\times \left[\frac{D_{i,\tau}^{n}(1, k_{i,t}^{n}, l_{i,t}^{n}, 1)}{D_{i,\tau}^{n}(1, k_{i,\tau}^{n}, l_{i,t}^{n}, 1)} \times \frac{D_{i,\tau}^{n}(1, k_{i,t}^{n}, l_{i,\tau}^{n}, 1)}{D_{i,\tau}^{n}(1, k_{i,t}^{n}, l_{i,\tau}^{n}, 1)} \right]^{\frac{1}{2}}$$

$$= TEC_{i}^{n} \times TC_{i}^{n}(t) \times KE_{i,\tau}^{n} \times LE_{i,\tau}^{n} \tag{3.7}$$

为了避免技术参照选择的不同造成分解结果的不一致，本书取式（3.6）和式（3.7）的几何平均值，则产业部门 i 的能源强度变化分解为如下形式：

$$EI_{i\tau}^{n}/EI_{it}^{n} = TEC_{i}^{n} \times \left[TC_{i}^{n}(t) \times TC_{i}^{n}(\tau) \right]^{\frac{1}{2}}$$

$$\times \left[KE_{i,\tau}^{n} \times KE_{i,t}^{n} \right]^{\frac{1}{2}} \times \left[LE_{i,\tau}^{n} \times LE_{i,t}^{n} \right]^{\frac{1}{2}}$$

$$= TEC_{i}^{n} \times TC_{i}^{n} \times KE_{i}^{n} \times LE_{i}^{n} \tag{3.8}$$

利用以上分解结果，本书便可以对强度效应的机理进行分析。具体而言，将式（3.8）代入第一阶段分解的强度效应项，可得

$$D_{sei}^{n} = \exp\left\{ \sum_{i=1}^{I} \sum_{j=1}^{J} \frac{L(EI_{i,t}^{n} S_{i,t}^{n} F_{ij,t}^{n}, EI_{i,\tau}^{n} S_{i,\tau}^{n} F_{ij,\tau}^{n})}{L(EI_{t}^{n}, EI_{\tau}^{n})} \ln(LE_{i}^{n} \times KE_{i}^{n} \times TC_{i}^{n} \times TEC_{i}^{n}) \right\}$$

$$= \exp\left\{ \sum_{i=1}^{I} \sum_{j=1}^{J} \frac{L(EI_{i,t}^{n} S_{i,t}^{n} F_{ij,t}^{n}, EI_{i,\tau}^{n} S_{i,\tau}^{n} F_{ij,\tau}^{n})}{L(EI_{t}^{n}, EI_{\tau}^{n})} \ln LE_{i}^{n} \right\}$$

$$\times \exp \left\{ \sum_{i=1}^{I} \sum_{j=1}^{J} \frac{L(EI_{i,t}^{n} S_{i,t}^{n} F_{ij,t}^{n}, EI_{i,\tau}^{n} S_{i,\tau}^{n} F_{ij,\tau}^{n})}{L(EI_{t}^{n}, EI_{\tau}^{n})} \ln KE_{i}^{n} \right\}$$

$$\times \exp \left\{ \sum_{i=1}^{I} \sum_{j=1}^{J} \frac{L(EI_{i,t}^{n} S_{i,t}^{n} F_{ij,t}^{n}, EI_{i,\tau}^{n} S_{i,\tau}^{n} F_{ij,\tau}^{n})}{L(EI_{t}^{n}, EI_{\tau}^{n})} \ln TC_{i}^{n} \right\}$$

$$\times \exp \left\{ \sum_{i=1}^{I} \sum_{j=1}^{J} \frac{L(EI_{i,t}^{n} S_{i,t}^{n} F_{ij,t}^{n}, EI_{i,\tau}^{n} S_{i,\tau}^{n} F_{ij,\tau}^{n})}{L(EI_{t}^{n}, EI_{\tau}^{n})} \ln TEC_{i}^{n} \right\}$$

$$= D_{le}^{n} \times D_{ke}^{n} \times D_{tc}^{n} \times D_{tec}^{n} \qquad (3.9)$$

以上分解的实现需要估计两个形式的产出距离函数：$D_{i,p}^{n}(E_{i,q}^{n}, K_{i,q}^{n}, L_{i,q}^{n}, Y_{i,q}^{n})$ 和 $D_{i,p}^{n}(1, k_{i,u}^{n}, l_{i,v}^{n}, 1)$，其中 $p, q, u, v \in \{t, \tau\}$。基于传统 DEA 模型的分解可能出现技术退步的结论。由于时序 DEA 模型可以克服这一缺陷，本书采用时序 DEA 类的线性规划问题对以上两种距离函数进行求解。具体线性规划问题如下：

$$\left[D_{i,p}^{n}(E_{i,q}^{n}, K_{i,q}^{n}, L_{i,q}^{n}, Y_{i,q}^{n}) \right]^{-1} = \max \theta$$

$$\text{s. t.} \begin{cases} \sum_{s=1}^{p} \sum_{z=1}^{N} \lambda_{s}^{z} Y_{i,p}^{z} \geqslant \theta Y_{i,q}^{n} \\[2mm] \sum_{s=1}^{p} \sum_{n=1}^{N} \lambda_{s}^{z} E_{i,p}^{n} \leqslant E_{i,q}^{n} \\[2mm] \sum_{s=1}^{p} \sum_{n=1}^{N} \lambda_{s}^{z} K_{i,p}^{n} \leqslant K_{i,q}^{n} \\[2mm] \sum_{s=1}^{p} \sum_{n=1}^{N} \lambda_{s}^{z} L_{i,p}^{n} \leqslant L_{i,q}^{n} \\[2mm] \lambda_{s}^{z} \geqslant 0 \end{cases}$$

$$\left[D_{i,p}^{n}(1, k_{i,u}^{n}, l_{i,v}^{n}, 1) \right]^{-1} = \max \theta$$

$$\text{s. t.} \begin{cases} \sum_{s=1}^{p} \sum_{z=1}^{N} \lambda_{s}^{z} Y_{i,p}^{z} \geqslant \theta \\[2mm] \sum_{s=1}^{p} \sum_{n=1}^{N} \lambda_{s}^{z} E_{i,p}^{n} \leqslant 1 \\[2mm] \sum_{s=1}^{p} \sum_{n=1}^{N} \lambda_{s}^{z} K_{i,p}^{n} \leqslant k_{i,u}^{n} \\[2mm] \sum_{s=1}^{p} \sum_{n=1}^{N} \lambda_{s}^{z} L_{i,p}^{n} \leqslant l_{i,v}^{n} \\[2mm] \lambda_{s}^{z} \geqslant 0 \end{cases}$$

3.2.1.3 两个阶段分解的结合

将式（3.9）代入式（3.2），便可以得到最后的分解结果：

$$D_{tot}^n = D_{le}^n \times D_{ke}^n \times D_{tc}^n \times D_{tec}^n \times D_{str}^n \times D_{ec}^n \quad (3.10)$$

式（3.10）说明，地区能源强度变化由六个因素决定，即劳动能源替代效应、资本能源替代效应、技术进步效应、技术效率效应、产业结构效应和能源间替代效应（能源结构效应）。

与上文的推导类似，我们可以将全国的能源强度表示为如下形式：

$$EI_t = \sum_{n=1}^{N}\sum_{i=1}^{I}\sum_{j=1}^{J} \frac{E_{ij,t}^n}{E_{i,t}^n}\frac{E_{i,t}^n}{Y_{i,t}^n}\frac{Y_{i,t}^n}{Y_t^n}\frac{Y_t^n}{Y_t}$$

$$= \sum_{n=1}^{N}\sum_{i=1}^{I}\sum_{j=1}^{J} F_{ij,t}^n EI_{i,t}^n S_{i,t}^n R_t^n \quad (3.11)$$

则全国的能源强度变化可以分解为

$$D_{tot} = \frac{EI_t}{EI_\tau} = \exp\left\{\sum_{n=1}^{N}\sum_{i=1}^{I}\sum_{j=1}^{J} \frac{L(F_{ij,t}^n\, EI_{i,t}^n S_{i,t}^n R_t^n, F_{ij,\tau}^n\, EI_{i,\tau}^n S_{i,\tau}^n R_\tau^n)}{L(EI_t, EI_\tau)}\ln\frac{F_{ij,t}^n}{F_{ij,\tau}^n}\right\}$$

$$\times \exp\left\{\sum_{n=1}^{N}\sum_{i=1}^{I}\sum_{j=1}^{J} \frac{L(F_{ij,t}^n\, EI_{i,t}^n S_{i,t}^n R_t^n, F_{ij,\tau}^n\, EI_{i,\tau}^n S_{i,\tau}^n R_\tau^n)}{L(EI_t, EI_\tau)}\ln\frac{S_{i,t}^n}{S_{i,\tau}^n}\right\}$$

$$\times \exp\left\{\sum_{n=1}^{N}\sum_{i=1}^{I}\sum_{j=1}^{J} \frac{L(F_{ij,t}^n\, EI_{i,t}^n S_{i,t}^n R_t^n, F_{ij,\tau}^n\, EI_{i,\tau}^n S_{i,\tau}^n R_\tau^n)}{L(EI_t, EI_\tau)}\ln\frac{R_t^n}{R_\tau^n}\right\}$$

$$\times \exp\left\{\sum_{n=1}^{N}\sum_{i=1}^{I}\sum_{j=1}^{J} \frac{L(F_{ij,t}^n\, EI_{i,t}^n S_{i,t}^n R_t^n, F_{ij,\tau}^n\, EI_{i,\tau}^n S_{i,\tau}^n R_\tau^n)}{L(EI_t, EI_\tau)}\ln TEC_i^n\right\}$$

$$\times \exp\left\{\sum_{n=1}^{N}\sum_{i=1}^{I}\sum_{j=1}^{J} \frac{L(F_{ij,t}^n\, EI_{i,t}^n S_{i,t}^n R_t^n, F_{ij,\tau}^n\, EI_{i,\tau}^n S_{i,\tau}^n R_\tau^n)}{L(EI_t, EI_\tau)}\ln TC_i^n\right\}$$

$$\times \exp\left\{\sum_{n=1}^{N}\sum_{i=1}^{I}\sum_{j=1}^{J} \frac{L(F_{ij,t}^n\, EI_{i,t}^n S_{i,t}^n R_t^n, F_{ij,\tau}^n\, EI_{i,\tau}^n S_{i,\tau}^n R_\tau^n)}{L(EI_t, EI_\tau)}\ln KE_i^n\right\}$$

$$\times \exp\left\{\sum_{n=1}^{N}\sum_{i=1}^{I}\sum_{j=1}^{J} \frac{L(F_{ij,t}^n\, EI_{i,t}^n S_{i,t}^n R_t^n, F_{ij,\tau}^n\, EI_{i,\tau}^n S_{i,\tau}^n R_\tau^n)}{L(EI_t, EI_\tau)}\ln LE_i^n\right\}$$

$$= D_{ec} \times D_{str} \times D_{ros} \times D_{tec} \times D_{tc} \times D_{ke} \times D_{le} \quad (3.12)$$

与式（3.10）相比，全国能源强度的变化分解要多出一个分解成分 D_{ros}。D_{ros} 表示地区产出份额变化所引起的能源强度变化，故称为地区（产出）格局效应。式（3.10）和式（3.12）等号右边的每一个分解项的值小于1（大于1），表示推动能源强度的下降（上升）。各分解因素对能源强度变化的百分比贡献可以由式（3.13）计算得到：

$$(D_b - 1) \times 100\%,\ b \in \{ec, str, ros, tec, tc, ke, le\} \quad (3.13)$$

需要进一步指出的是，由于 IDA 和 PDA 都具有时间可逆、因素可逆、聚合性和零值稳健四个良好性质，本书的分解模型作为 IDA 和 PDA 的结合，也具有这些性质。

3.2.2 数据来源及处理

本书以我国内地 30 个地区为研究对象,① 以 2003—2010 年为研究窗口。② 考虑到数据的可获得性,本书将整个经济划分为三大产业,即第一产业、第二产业和第三产业。各地区三大产业的劳动投入(L)以年末从业人员数来衡量,数据来自 CEIC 中国经济数据库。各地区三大产业的产出以国民经济核算中的产业 GDP 来衡量,数据来自 CEIC 中国经济数据库。资本投入以资本存量作为代理变量。2003—2006 年的各地区分产业资本存量直接来源于 Wu(2009),本书依照其方法将时间序列进一步延伸到 2010 年。GDP 和资本存量的数据都转化为 2005 年的不变价格水平。

地区分产业的能源消费原始数据来自《中国能源统计年鉴》中的各地区能源平衡表。地区能源平衡表提供了"农、林、牧、渔业""工业""建筑业""交通运输、仓储和邮政业""批发、零售业和住宿、餐饮业""生活消费"和"其他"等部门的能源消费数据。参考 Ma 和 Stern(2008)的方法,本书将其能源消费量合并为三大产业的能源消费量。③ 为了简化计算,本书进一步将各种能源消费量合并为煤炭、石油、天然气和电四个能源品种的消费量。

3.3 实证结果及讨论

3.3.1 各地区能源强度变化及其决定因素分析

利用线性规划的方法,本书首先计算式(3.8)的各个分解成分,在此基础上计算式(3.10)中各个分解效应的值。④ 表 3.1 报告了最终的计算结果。⑤

由表 3.1 可知,2003—2010 年,除湖南和云南的能源强度略有上升外,

---

① 由于西藏能源数据缺失严重,故不在本书研究范围之内。另外,西藏能源消费量在全国所占比重很小,可以忽略不计。

② 由于 2000—2002 年的宁夏能源平衡表和 2002 年的海南能源平衡表缺失,为了保持面板数据的平衡(PDA 模型的要求),我们以 2003 年作为研究的时间窗口起点。

③ 第一产业包括"农、林、牧、渔业",第二产业包括"工业"和"建筑业",第三产业包括"交通运输、仓储和邮政业""批发、零售业和住宿、餐饮业""生活消费"和"其他"。

④ 由于 IDA 模型使用了连续时间的推导方法,因此时间间隔越小,分解精度越高。有鉴于此,我们采用 Ma 和 Stern(2008)的建议,采用时间序列的方法进行分析,即逐年进行分解,进而累乘获得整个研究区间(2003—2010 年)的分解结果。事实上,时期区间的分解结果可以由时间序列的方法推导出来,反之则不行。

⑤ 为了节省篇幅,我们略去逐年分解等中间计算结果,只报告了 2003—2010 年的分解结果。

大部分地区的能源强度经历了一个幅度较大的下降。从三大地区来看，中部地区能源强度下降最快，平均下降18%，略高于东部地区（17.9%），西部地区能源强度下降最慢，平均下降14%。从各地的能源强度变化来看，天津和安徽能源强度下降最快，分别下降了39%和38.9%，而湖南和云南两地的能源强度出现反弹，分别上涨了1.6%和2.5%。

从能源强度变化的分解成分来看，技术进步和资本能源替代效应是我国地区能源强度下降的主要因素。在18个地区中，技术进步是能源强度下降的最大贡献者；在其他10个地区中，资本能源替代效应是能源强度下降的最大推动力。从三大地区的均值来看，我们可以发现一个有趣的现象：东部和西部地区能源强度下降的主要推动力为技术进步（分别推动能源强度下降24.1%和19.4%[①]），而中部地区能源强度下降的最大推动力为资本能源替代效应（平均推动能源强度下降21.9%）。此外，东部地区技术进步的速度快于中部地区，西部地区的技术进步最慢。这一结论与我国东部、中部、西部三大地区的梯度发展现状非常吻合。在资本能源替代效应上，中西部地区领先于东部地区。一个可能的解释是中西部地区不断承接了来自东部地区的产业转移，由此带来的投资加速了中西部地区的资本积累。资本投入的增加可以替代能源投入，进而降低能源强度。另外，中西部地区能源资源丰富，而资本存量相对较低，因此中西部地区资本增加的边际效应要大于东部地区。

与资本能源替代效应相反，劳动能源替代效应在所有地区（广西除外）的值都大于1，即推动了能源强度的上升。其主要原因在于进入21世纪之后，农村剩余劳动力大大减少，劳动力增长速度缓慢，而能源消费量迅速上升，劳动能源比下降，即能源在生产中替代了劳动，进而对能源强度的下降产生负面影响。能源间替代效应对能源强度变化的影响很小，基本可以忽略。在技术效率效应方面，我们可以看到，20个地区的技术效率效应值大于1，即这些地区的技术效率下降，出现了恶化的状况，进而推动了能源强度的上升。这一结果与孙广生等（2012）的发现基本一致。[②] 这一结论也说明，我国现阶段大部分地区的经济还是采取粗放型的发展模式，资源还没有得到充分的利用。事实上，这也是我国要素市场长期存在扭曲、要素价格被人为低估的必然后果。在产业结构效应方面，除了北京和上海，其他地区的产业结构效应值都大于1，

---

① 该数值由表1中分解项的值减去1后乘以100%得到，见式（3.13）。下文中，各个因素对能源强度变化的百分比贡献都是通过相同方式得到的。

② 孙广生等（2012）的研究结果显示，1986—2010年，有12个地区的技术效率出现了下降。

说明产业结构变化在这些地区阻碍了能源强度的下降。这一结果与现阶段我国大部分地区正处于快速工业化阶段、工业比重不断上升的情况相符。与此相反，北京和上海分别是我国的政治文化中心和经济中心，其经济发展进入了后工业化阶段，工业比重不断下降，而服务业比重不断上升。因此，北京和上海产业结构的调整促进了其能源强度的下降。这一结果也与我们的预期一致。

表 3.1　2003—2010 年各地区能源强度变化及其决定因素

地区	能源强度变化	产业结构效应	全要素生产率效应		要素替代效应		
			技术进步效应	技术效率效应	资本能源替代	劳动能源替代	能源间替代
安徽	0.611	1.194	0.867	1.186	0.495	1.006	1.000
北京	0.739	**0.980**	0.743	**0.990**	0.988	1.037	1.000
福建	0.978	1.065	0.768	1.144	0.964	1.081	1.003
甘肃	0.814	1.058	0.829	1.036	0.766	1.170	1.000
广东	0.814	1.040	0.871	**0.996**	0.871	1.037	0.999
广西	0.859	1.198	0.870	1.070	0.780	0.988	1.000
贵州	0.634	1.067	0.870	**0.963**	0.705	1.005	0.999
海南	0.803	1.167	0.716	**0.898**	1.031	1.042	0.996
河北	0.768	1.059	0.789	**0.999**	0.814	1.132	1.000
河南	0.964	1.104	0.818	1.210	0.871	1.013	1.000
黑龙江	0.749	1.023	0.793	1.053	0.745	1.178	0.999
湖北	0.839	1.103	0.824	**0.997**	0.901	1.029	1.000
湖南	1.016	1.114	0.890	1.092	0.908	1.031	1.003
吉林	0.729	1.098	0.738	1.183	0.711	1.071	0.999
江苏	0.846	1.033	0.792	**0.997**	0.993	1.045	1.000
江西	0.814	1.097	0.840	1.082	0.809	1.007	1.001
辽宁	0.812	1.099	0.760	1.165	0.696	1.197	1.000
内蒙古	0.961	1.135	0.676	**0.838**	1.024	1.457	1.000
宁夏	0.917	1.138	0.756	1.002	0.862	1.227	1.007
青海	0.864	1.086	0.754	1.052	0.866	1.159	0.999
山东	0.976	1.059	0.779	1.064	0.937	1.184	1.002

续表

地区	能源强度变化	产业结构效应	全要素生产率效应		要素替代效应		
			技术进步效应	技术效率效应	资本能源替代	劳动能源替代	能源间替代
山西	0.784	1.021	0.798	1.071	0.785	1.145	1.000
陕西	0.958	1.049	0.786	1.049	0.963	1.149	1.002
上海	0.914	**0.988**	0.715	1.000	1.006	1.287	1.000
四川	0.841	1.172	0.945	1.503	0.503	1.004	1.000
天津	0.610	1.020	0.664	**0.878**	0.900	1.141	1.000
新疆	0.816	1.057	0.563	1.144	0.887	1.351	1.000
云南	1.025	1.071	0.823	1.173	0.914	1.080	1.005
浙江	0.844	1.000	0.773	1.026	0.991	1.074	1.000
重庆	0.939	1.095	0.937	1.460	0.617	1.014	1.001
东部平均[a]	0.821	1.045	0.759	1.011	0.921	1.112	1.000
中部平均[a]	0.820	1.098	0.802	1.073	0.791	1.096	1.000
西部平均[a]	0.860	1.098	0.806	1.133	0.773	1.109	1.001

注:[a]表示几何均值。

为了将本书的分解方法与 PDA 模型进行比较,本书利用 Wang(2007)的 PDA 模型[①]对我国 30 个地区在 2003—2010 年的能源强度变化进行了分解。表 3.2 报告了相关的计算结果。

表 3.2　2003—2010 年各地区能源强度变化及其决定因素:PDA 模型分解结果

地区	能源强度变化	产业结构效应	全要素生产率效应		要素替代效应		
			技术进步效应	技术效率效应	资本能源替代	劳动能源替代	能源间替代
安徽	0.611	0.853	1.605	1.000	0.849	1.028	0.511
北京	0.739	**1.017**	0.662	1.000	0.986	1.046	**1.064**
福建	0.978	0.824	2.875	1.000	0.977	1.342	0.315
甘肃	0.814	0.868	1.073	0.947	0.857	1.109	0.971
广东	0.814	0.924	1.595	1.000	0.926	1.092	0.546

①　Wang(2007)的 PDA 模型是对能源生产率(能源强度的倒数)所进行的分解。因此,我们对其分解等式取倒数转化为对能源强度变化的分解。限于篇幅,我们这里没有给出 PDA 模型的分解等式,详细内容请参阅 Wang(2007)。

续表

地区	能源强度变化	产业结构效应	全要素生产率效应		要素替代效应		
			技术进步效应	技术效率效应	资本能源替代	劳动能源替代	能源间替代
广西	0.859	0.679	3.693	1.000	0.884	1.147	0.338
贵州	0.634	0.865	1.472	0.888	0.730	1.000	0.767
海南	0.803	0.843	0.790	1.000	0.983	1.119	1.095
河北	0.768	0.864	0.898	1.000	0.938	1.173	0.899
河南	0.964	0.889	1.009	1.000	0.929	1.119	1.035
黑龙江	0.749	0.940	0.849	1.000	0.844	1.086	1.023
湖北	0.839	0.715	1.202	1.010	0.933	1.223	0.847
湖南	1.016	0.864	2.501	1.000	0.897	1.106	0.474
吉林	0.729	0.735	1.077	1.000	0.866	1.178	0.903
江苏	0.846	0.952	0.873	1.000	0.959	1.227	0.866
江西	0.814	0.881	NA	1.000	0.891	1.106	NA
辽宁	0.812	0.838	0.834	0.981	0.872	1.352	1.004
内蒙古	0.961	0.673	0.939	1.000	1.008	1.844	0.817
宁夏	0.917	0.869	1.014	1.663	0.911	1.160	0.592
青海	0.864	0.834	0.903	1.074	0.949	1.215	0.926
山东	0.976	0.943	0.932	1.000	0.983	1.160	0.974
山西	0.784	1.019	0.981	1.238	0.839	1.063	0.710
陕西	0.958	1.009	0.893	0.912	0.994	1.062	1.104
上海	0.914	0.998	0.948	1.000	1.002	1.209	0.798
四川	0.841	0.786	1.437	1.000	0.768	1.050	0.925
天津	0.610	1.018	0.588	1.000	0.930	1.174	0.933
新疆	0.816	0.814	0.695	1.000	1.001	1.365	1.055
云南	1.025	0.811	1.092	1.042	0.985	1.169	0.966
浙江	0.844	0.984	1.836	1.000	1.000	1.167	0.401
重庆	0.939	0.958	1.045	1.000	0.939	1.091	0.915
东部均值[a]	0.821	0.906	1.037	0.998	0.959	1.184	0.730
中部均值[a]	0.820	0.834	1.193	1.025	0.894	1.176	0.762
西部均值[a]	0.853	0.859	1.164	1.053	0.892	1.126	0.806

注：NA 表示不存在可行解，[a] 表示几何均值。

由表3.2可知，不同于本书模型的分解结果，PDA模型分解结果显示，大部分地区能源强度下降的主要推动力为产业结构效应、资本能源替代效应和能源间替代效应。然而，正如前文所讨论的，PDA模型在测度产业结构效应和能源间替代效应方面存在明显的缺陷。例如，北京的产业结构效应值大于1，即在2003—2010年产业结构变化提高了北京的能源强度，这与北京同时期的产业结构变化实际情况不符。相似的情况也出现在能源间替代效应上。2003—2010年，为了提高空气质量，北京着力于能源消费结构的调整，通过"煤改气"等工程降低煤炭的消费比重。① 由于煤炭是一种低质量的能源，因此我们预计其他能源对煤炭的替代可以促进能源强度的下降（或者至少不会导致能源强度上升）。然而，PDA模型却给出了一个相反的结论，即能源间替代效应会使北京的能源强度上升6.4%。此外，PDA模型的分解结果显示，能源间替代效应在宁夏、内蒙古、安徽和湖南等多个地区对能源强度的下降具有不同程度的推动作用。然而，通过统计数据分析，本书发现这些地区在样本区间内一直保持相对稳定的能源消费结构，煤炭消费比重居高不下。因此，我们难以理解在样本时期内，能源间替代能够对能源强度的下降产生如此大的作用。从技术进步效应来看，我们发现安徽、福建、广东和广西等多个地区的技术进步效应值②大于1，即技术出现了明显的退步。这明显与我们的常识相悖。把表3.1和表3.2进行比较，我们不难看出本书模型得到的结论确实要比PDA模型分解结果更加合理一些。

3.3.2 中国能源强度历年变化及其决定因素分析

利用式（3.12），本书对全国整体的能源强度变化进行了分解，表3.3报告了相关的计算结果。2003—2005年，我国能源强度出现了一定程度的反弹。技术效率恶化、能源对劳动的替代和产业结构的变化是2003—2004年能源强度上升的主要原因；而2004—2005年能源强度上升的主要原因在于能源对资本和劳动的替代及产业结构的调整。这一结论与Wang（2011）和孙广生等（2012）的发现略有不同。Wang（2011）的研究结果显示，2003—2004年能源强度上升的主要原因在于技术效率恶化、能源对劳动和资本的替代，2004—2005年能源强度反弹的主要原因在于技术退步和能源对资本的替代，而产业结构的调整降低了2003—2005年的能源强度。孙广生等（2012）则认为投入

---

① 根据《中国能源统计年鉴》的北京能源平衡表测算，北京煤炭消费比重从2003年的56.3%下降到2010年的31.2%。

② 在本书中，技术进步效应是技术变化的倒数。

替代和技术退步分别是 2003—2004 年和 2004—2005 年能源强度上升的主要原因。[①]

表 3.3　全国能源强度变化及其决定因素

年份	能源强度变化	结构调整效应		全要素生产率效应		要素替代效应		
		产业结构效应	地区经济格局效应	技术进步效应	技术效率效应	资本能源替代	劳动能源替代	能源间替代
2003—2004	1.003	1.013	0.998	0.947	1.031	0.994	1.022	1.000
2004—2005	1.056	1.011	1.000	0.999	0.993	1.020	1.033	1.001
2005—2006	0.961	1.011	0.999	0.963	0.989	0.983	1.015	1.000
2006—2007	0.952	1.011	1.000	0.958	1.014	0.958	1.011	1.000
2007—2008	0.956	1.006	1.001	0.976	1.012	0.957	1.005	1.000
2008—2009	0.953	1.007	1.001	0.975	1.016	0.950	1.005	1.000
2009—2010	0.953	1.010	1.002	0.960	1.012	0.961	1.009	1.000
2003—2010	0.841	1.071	1.000	0.797	1.069	0.835	1.104	1.000
各年均值[a]	0.976	1.010	1.000	0.968	1.010	0.974	1.014	1.000

注:[a]表示几何均值。

从 2006 年开始,我国能源强度进入一个持续下降的阶段。总体来看,2003—2010 年我国能源强度累计下降了 15.9%,年均下降 2.4%。从能源强度变化的分解因素来看,技术进步是能源强度下降的最大的推动力,推动能源强度累计下降 20.3%,年均下降 3.2%;资本对能源的替代作用次之,推动能源强度累计下降 16.5%,年均下降 2.6%。劳动对能源的替代是能源强度下降的最大不利因素,推动能源强度累计上升 10.4%,年均上升 1.4%。这一结论与 Wang(2011)的发现基本一致。产业结构效应和技术效率效应是能源强度下降的另外两个阻碍因素。产业结构效应累计推动能源强度上升 7.1%。这主要是由于我国现阶段还处于工业化的快速发展阶段,高耗能工业部门的不断扩张势必对能源强度的下降产生负面的影响。技术效率效应累计推动能源强度上升 6.9%。从表 3.3 第 6 列我们可以看到,除了 2004—2005 年和 2005—2006 年,技术效率效应的值都大于 1,即技术效率下降。这一结论与孙广生等(2012)的实证结果一致。技术效率的下降意味着资源未能得到充分利用。由此可见,我国粗放型的经济发展模式导致了资源的浪费,进而阻碍了能源强度的下降。当然,更深层次的

---

① Wang(2011)和孙广生等(2012)都对能源生产率进行了分解。我们根据 Wang(2011)和孙广生等(2012)的研究结果推导出以上结论。

原因可能在于我国要素市场的扭曲阻碍了市场配置资源作用的充分发挥。

此外，地区经济格局效应和能源间替代对能源强度的影响几乎为零。我国一直大力扶持落后地区的经济发展，缩小地区差距。现实中，通过统计数据的对比我们发现，在2003—2010年，我国地区产出份额变动很小，经济格局基本不变，因此对能源强度变化的影响有限。与地区经济格局相似，从图 3.1 中我们可以看到，2003—2010年，我国能源消费结构的变化非常小，煤炭消费比重基本保持在70%。由此看见，不同能源间的替代并不明显，所以对能源强度变化的影响非常小。这一结论与 Ma 和 Stern（2008）一致。[①]

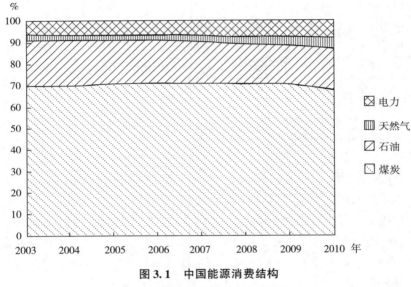

图 3.1　中国能源消费结构

（资料来源：《中国统计年鉴 2011》）

3.3.3　中国能源强度变化的地区贡献度分析

对式（3.12）两边对数，并重新整理可得

$$\ln \frac{EI_t}{EI_\tau} = \sum_{n=1}^{N} \sum_{i=1}^{I} \sum_{j=1}^{J} w_{ij}^n \left(\ln \frac{F_{ij,\tau}^n}{F_{ij,t}^n} + \ln \frac{S_{i,\tau}^n}{S_{i,t}^n} + \ln \frac{R_\tau^n}{R_t^n} + \ln TEC_i^n + \ln TC_i^n + \ln KE_i^n + \ln LE_i^n \right)$$

$$= \sum_{n=1}^{N} Regcontr^n \tag{3.14}$$

[①]　张伟和朱启贵（2012）对我国工业能源强度变化的实证研究也发现能源间替代对能源强度变化的影响十分微弱。

其中，$w_{ij}^n = L(F_{ij,t}^n EI_{i,t}^n S_{i,t}^n R_t^n, F_{ij,\tau}^n EI_{i,\tau}^n S_{i,\tau}^n R_\tau^n)/L(EI_{i,t}^n, EI_{i,\tau}^n)$。

显然，式（3.14）等号左边表示的是能源强度的变化率，等号右边 $Regcontr^n$ 表示能源强度变化的各个贡献因子按照地区进行加总。因此，通过式（3.14）我们便可以计算各地区对全国能源强度变化的贡献。

图 3.2 描绘了 30 个地区对 2003—2010 年全国能源强度变化的贡献。从图 3.2 中我们可以看到，有 6 个省对能源强度下降的贡献大于 1%，分别是河北（-1.90%）、广东（-1.70%）、安徽（-1.53%）、贵州（-1.37%）、山西（-1.05%）和黑龙江（-1.02%）。从表 3.1 中我们可以看到，这些省份也是能源强度下降比较大的地区，技术进步和资本对能源的替代是主要的推动力。例如，安徽和贵州的能源强度分别下降了 38.9% 和 36.6%（见表 3.1）。湖南、福建、陕西和重庆四个地区对全国能源强度下降的贡献都小于 0.1%。这与我们的预期基本相符。2003—2010 年，这四个地区的能源强度下降幅度都不及 7%，远低于全国平均水平，技术效率的恶化阻碍了这些地区能源强度的下降。与其他地区不同，内蒙古推动全国能源强度上升了 0.88%。内蒙古煤炭资源丰富，煤炭使用成本较低，因此内蒙古的能源强度长期位于全国平均水平之上。虽然在样本期间内蒙古的能源强度小幅下降，但其产出份额的增加[1]抵消了其能源强度下降的效应，最终推动全国能源强度上升。[2]

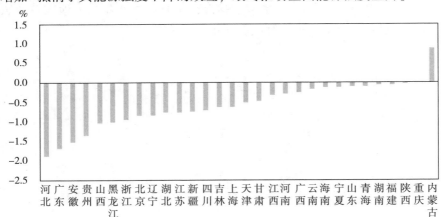

图 3.2　各地区对全国能源强度变化的贡献（2003—2010）

---

　① 根据作者的测算，内蒙古产出占全国的比重由 2003 年的 1.7% 上升到 2010 年的 2.3%。
　② 王锋等（2013）对我国碳强度变化的地区贡献分析也发现了类似的现象：内蒙古在 1997—2008 年的碳强度虽然下降 18.67%，但其产值份额的上升对全国碳强度的下降产生了相反的净效应（推动全国能源强度上升了 1.1%）。

图 3.3 绘制了东部、中部、西部三大地区[①]对全国能源强度变化的相对贡献。从图 3.3 中我们可以得到以下几个结论：（1）2003—2004 年的能源强度上升是中部地区造成的；（2）2004—2005 年的能源强度上升则主要由东部地区推动；（3）2005 年以后，三大地区都促使全国能源强度下降，其中占主导地位的是东部地区，其对全国能源强度下降的贡献度保持在 40% 以上。通过统计数据的分析我们发现，2003—2005 年，湖南、河南、河北、吉林、黑龙江和内蒙古等中部地区省份由于技术效率的恶化和工业部门的快速扩张，能源强度有不同程度的上升。东部地区的情况稍有不同，2003—2004 年，只有少数地区（如海南、山东和上海）能源强度反弹，而 2004—2005 年，东部地区能源强度普遍上升。因此，在 2003—2004 年，我国能源强度上升主要是中部地区能源强度上升导致的，而东部地区整体上对我国能源强度变化的贡献度是负值，即促使我国能源强度下降。由于东部地区在全国的经济比重较大，其在 2004—2005 年普遍出现能源强度反弹，成为我国能源强度上升的主要贡献者。对于西部地区而言，其能源强度远高于全国平均水平，节能空间比较大；大部分地区的能源强度在 2003—2005 年没有出现上升。因此，西部地区整体上并没有促使我国能源强度反弹。由于中央政府在"十一五"规划中明确制定了各地的能源强度下降目标，各地都采取了阶段性的节能措施，因此，相较于三大地区贡献度在 2003—2005 年的波动情况，2005—2010 年三大地区对能源强度变化的贡献都为负值而且相对稳定（见图 3.3）。

---

① 东部地区包括辽宁、河北、天津、北京、山东、江苏、上海、浙江、福建、广东和海南 11 个地区，中部地区包括黑龙江、吉林、内蒙古、山西、安徽、江西、河南、湖北、湖南 9 个地区，西部地区包括陕西、甘肃、宁夏、青海、新疆、四川、重庆、云南、广西和贵州 10 个地区。

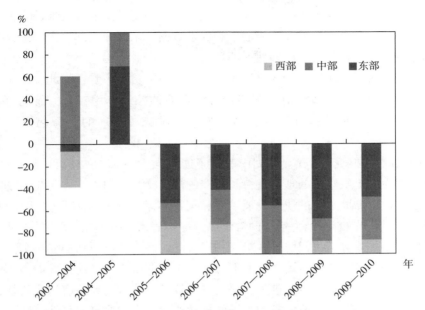

图 3.3　三大地区对全国能源强度变化贡献的百分比堆积

3.4　结语

　　针对 IDA 模型和 PDA 模型的缺陷，本书提出了一个分析能源强度变化的综合分解框架。与 IDA 模型和 PDA 模型相比，本书模型的贡献在于：首先，进一步分析了部门能源强度的变化机理，进而为 IDA 模型分解结果提供了更好的经济学解释；其次，解决了 PDA 模型在产业结构效应和能源结构效应（能源间替代效应）测度上的缺陷；最后，为全国层面的能源强度变化与地区经济变量建立了联系，使地区层面的分解效应可以通过加总来反映各因素对全国层面能源强度变化的影响。

　　本书利用提出的模型，对 2003—2010 年中国及其 30 个地区能源强度变化的驱动因素进行了分析，得到以下主要结论。

　　第一，技术进步是 2003—2010 年我国能源强度下降的最大推动力，推动能源强度累计下降 20.3%，年均下降 3.2%；资本替代能源的作用次之，推动能源强度累计下降 16.5%，年均下降 2.6%。能源替代劳动、产业结构变化和技术效率下降是阻碍我国能源强度下降的主要因素。地区经济格局的变化及能源间替代效应对能源强度变化的影响非常有限。

　　第二，从地区能源强度变化的影响因素来看，东部和西部地区能源强度下降的主要推动力来自技术进步，而中部地区能源强度下降的最大推动力为资本对能源的替代。在能源强度下降的不利因素方面，东部和西部地区的最大阻力为能源对劳动的替代，而中部地区的最大阻力为产业结构变化。

第三，从我国能源强度变化过程中的各个地区贡献来看，河北、广东、安徽、贵州、山西和黑龙江对我国能源强度下降的推动作用较大，而湖南、福建、陕西和重庆的贡献比较小，内蒙古对全国能源强度的下降起到了抑制作用。

中央政府在"十二五"规划中制定了能源强度下降16%的目标，本书的研究可以为其提供直接的理论支持和可能的政策操作方向：首先，我国现阶段还处于工业化和城市化的快速发展阶段，能源需求的增长具有刚性（林伯强，2010）。此外，随着劳动力增长的放慢以及生产过程中机械化程度的提升，能源替代劳动的趋势不可逆转。在未来相当长的时间内，产业结构变化和能源对劳动的替代还将继续对能源强度的下降产生不利的影响。因此，我们整体的节能政策应当着力于推动技术进步和提高技术效率。这就需要政府加大科技、教育投入和激励企业进行研发投入，进而推动产业技术的升级。另外，政府需要进一步推动要素市场的市场化改革，充分发挥市场配置资源的作用，进而推动技术效率的提升。其次，我国地区能源强度变化及其影响因素存在较大的地区差异性。因此，地区能源政策的制定及实施需要因地制宜，根据不同地区的实际情况，采取有针对性的措施。例如，随着经济的不断发展，东部经济发达的省份将率先于其他地区完成工业化，故可以采取适当的措施推动东部地区的产业升级，优化产业结构，进而降低能源强度。中西部地区则应当注重自身生产技术和技术效率的提升。我国应通过有效的措施扶持中西部地区提升技术水平，缩小其与东部地区的差距。

本章的主要贡献在于提出了一个综合 IDA 模型和 PDA 模型的分解框架，对我国能源强度变化的影响因素进行了测度。没有对驱动因素变化的背后机理进行深入分析，是本书的主要不足之处，笔者将在未来的研究中对其进行拓展和完善。

4 中国能源消费快速增长的
影响因素分析

4.1 引言

在过去的 20 多年间, 伴随着经济的扩张, 中国的能源消费迅速增长。根据 BP 统计[①], 中国的能源消费量从 1990 年的 664.6 百万吨油当量上升到 2001 年的 1013.3 百万吨油当量, 年均增长 3.9%。然而, 更让我们惊讶的是, 在中国 2002 年加入世界贸易组织之后, 能源消费的增长更为迅速 (如图 4.1 所示)。从 2002 年起, 中国能源消费年均增长 10.2%, 从而使中国能源消费量在 2010 年达到 2339.6 百万吨油当量, 与 2001 年的消费量相比增加了 1 倍有余。

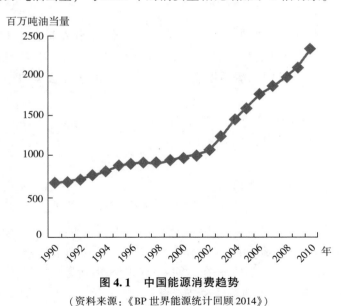

图 4.1 中国能源消费趋势

(资料来源:《BP 世界能源统计回顾 2014》)

---

① 数据可从以下网址获得: http://www.bp.com/statisticalreview。

快速增长的能源消费引起了人们对于中国能源安全和环境问题的担忧。控制或者减缓中国能源消费的增长势在必行，也是当前中国政府面临的一大挑战。对中国能源消费变动的驱动因素进行分析，不但有助于加深我们对中国能源消费快速增长现象的理解，对制定有效的能源政策也是至关重要的。因此，这个主题的研究受到了很多学者的关注。许多研究采用指数分解法（Index Decomposition Analysis，IDA）对中国能源消费变动的影响因素进行分析。这方面的代表性文献包括 Zhou 和 Zong（2011）、Zhao 等（2012）、Xu 等（2012）、Kahrl 等（2012）等。

IDA 模型具有容易使用且对数据要求较低的优点，已经成为对能源消费变动进行建模的流行分析工具。然而，正如上一章所指出的，IDA 模型分析框架并没有考虑技术进步、技术效率变化及投入要素替代等影响能源消费变化的重要因素。有鉴于此，本章对第 3 章提出的综合分解框架进行修改，使其能够应用于对一个国家或者地区能源消费量变化的影响因素分析。基于本书所提出的研究方法，本章实证部分对 2002 年以后中国能源消费快速增长的驱动因素进行实证分析。

4.2　研究方法

本章的基本思路与第 3 章相似。第一阶段使用 IDA 模型（LMDI 分解方法）对能源消费变化进行因素分解；第二阶段与第 3 章的第二阶段分解相同，即使用 PDA 模型对部门能源强度变化进行分解。由于方法类似，本章仅做简要的介绍。

为了讨论的方便，本书先做如下符号定义：

$Y_{m,t}^n$：地区 n 的产业部门 m 在时期 t 的产出；

Y_t^n：地区 n 在时期 t 的产出；

Y_t：整个国家在时期 t 的总产出；

$S_{m,t}^n$：在时期 t，产业部门 m 的产出在地区 n 总产出中所占的份额（$Y_{m,t}^n/Y_t^n$）；

R_t^n：在时期 t，地区 n 的产出在全国总产出中所占的份额（Y_t^n/Y_t）；

$E_{mj,t}^n$：地区 n 的产业部门 m 在时期 t 的第 j 种能源消费量；

$E_{m,t}^n$：地区 n 的产业部门 m 在时期 t 的总能源消费量；

E_t^n：地区 n 在时期 t 的总能源消费量；

E_t：整个国家在时期 t 的总能源消费量；

$I_{m,t}^n$：地区 n 的产业部门 m 在时期 t 的能源强度（$E_{m,t}^n/Y_{m,t}^n$）；

I_t^n：地区 n 在时期 t 的能源强度（E_t^n/Y_t^n）；

I_t：整个国家在时期 t 的能源强度（E_t/Y_t）；

$F_{mj,t}^n$：在时期 t，地区 n 产业部门 m 消费第 j 种能源占其能源总消费的份额（$E_{mj,t}^n/E_{m,t}^n$）。

其中，$n = 1,\cdots,N$；$m = 1,\cdots,M$；$j = 1,\cdots,J$。

由以上定义，我们可将地区 n 的能源消费表示为

$$E_t^n = \sum_{m=1}^{M}\sum_{j=1}^{J} \frac{E_{mj,t}^n}{E_{m,t}^n}\frac{E_{m,t}^n}{Y_{m,t}^n}\frac{Y_{m,t}^n}{Y_t^n}Y_t^n$$

$$= \sum_{m=1}^{M}\sum_{j=1}^{J} F_{mj,t}^n I_{m,t}^n S_{m,t}^n Y_t^n \tag{4.1}$$

利用 Ang（2005）提出的 LMDI 分解方法，我们可以将从时期 t 到时期 τ 地区 n 的能源消费变化分解为如下形式：

$$D_{tot}^n = \frac{E_\tau^n}{E_t^n} = \exp\left\{ \sum_{m=1}^{M}\sum_{j=1}^{J} \frac{L(E_{mj,\tau}^n, E_{mj,t}^n)}{L(E_\tau^n, E_t^n)}\ln\frac{F_{mj,\tau}^n}{F_{mj,t}^n} \right\}$$

$$\times \exp\left\{ \sum_{m=1}^{M}\sum_{j=1}^{J} \frac{L(E_{mj,\tau}^n, E_{mj,t}^n)}{L(E_\tau^n, E_t^n)}\ln\frac{I_{m,\tau}^n}{I_{m,t}^n} \right\}$$

$$\times \exp\left\{ \sum_{m=1}^{M}\sum_{j=1}^{J} \frac{L(E_{mj,\tau}^n, E_{mj,t}^n)}{L(E_\tau^n, E_t^n)}\ln\frac{S_{m,\tau}^n}{S_{m,t}^n} \right\}$$

$$\times \exp\left\{ \sum_{m=1}^{M}\sum_{j=1}^{J} \frac{L(E_{mj,\tau}^n, E_{mj,t}^n)}{L(E_\tau^n, E_t^n)}\ln\frac{Y_\tau^n}{Y_t^n} \right\}$$

$$= D_{em}^n \times D_{int}^n \times D_{is}^n \times D_{eg}^n \tag{4.2}$$

其中，$L(\cdot,\cdot)$ 是权重函数，其具体形式如下：

$$L(x,y) = \begin{cases} (x-y)/(\ln x - \ln y), & x \neq y \\ x, & x = y \end{cases} \tag{4.3}$$

为了进一步考察部门能源强度变化的驱动因素，本书采用 PDA 模型对各个地区的部门能源强度进行分解。具体分解过程，第 3 章已经有详细的阐述，这里不再重复。下文只给出主要的分解结果。

以时期 t 的生产技术作为基准，则有

$$\frac{I_{m\tau}^n}{I_{mt}^n} = \frac{D_{mt}^n(E_{mt}^n, K_{mt}^n, L_{mt}^n, Y_{mt}^n)}{D_{m\tau}^n(E_{mt}^n, K_{mt}^n, L_{mt}^n, Y_{mt}^n)} \times \frac{D_{m\tau}^n(E_{m\tau}^n, K_{m\tau}^n, L_{m\tau}^n, Y_{m\tau}^n)}{D_{mt}^n(E_{m\tau}^n, K_{m\tau}^n, L_{m\tau}^n, Y_{m\tau}^n)}$$

$$\times \left[\frac{D_{mt}^n(1, k_{m\tau}^n, l_{mt}^n, 1)}{D_{mt}^n(1, k_{mt}^n, l_{mt}^n, 1)} \times \frac{D_{mt}^n(1, k_{m\tau}^n, l_{m\tau}^n, 1)}{D_{mt}^n(1, k_{mt}^n, l_{m\tau}^n, 1)} \right]^{\frac{1}{2}}$$

$$\times \left[\frac{D_{mt}^n(1,k_{mt}^n,l_{m\tau}^n,1)}{D_{mt}^n(1,k_{mt}^n,l_{mt}^n,1)} \times \frac{D_{mt}^n(1,k_{m\tau}^n,l_{m\tau}^n,1)}{D_{mt}^n(1,k_{m\tau}^n,l_{mt}^n,1)} \right]^{\frac{1}{2}}$$

$$= TEC_m^n \times TC_m^n(\tau) \times KE_{m,t}^n \times LE_{m,t}^n \tag{4.4}$$

以时期 τ 的生产技术作为基准，则有

$$\frac{I_{m\tau}^n}{I_{mt}^n} = \frac{D_{mt}^n(E_{mt}^n,K_{mt}^n,L_{mt}^n,Y_{mt}^n)}{D_{m\tau}^n(E_{m\tau}^n,K_{m\tau}^n,L_{m\tau}^n,Y_{m\tau}^n)} \times \frac{D_{m\tau}^n(E_{m\tau}^n,K_{m\tau}^n,L_{m\tau}^n,Y_{m\tau}^n)}{D_{mt}^n(E_{m\tau}^n,K_{m\tau}^n,L_{m\tau}^n,Y_{m\tau}^n)}$$

$$\times \left[\frac{D_{mt}^n(1,k_{m\tau}^n,l_{mt}^n,1)}{D_{mt}^n(1,k_{mt}^n,l_{mt}^n,1)} \times \frac{D_{mt}^n(1,k_{m\tau}^n,l_{m\tau}^n,1)}{D_{mt}^n(1,k_{mt}^n,l_{m\tau}^n,1)} \right]^{\frac{1}{2}}$$

$$\times \left[\frac{D_{mt}^n(1,k_{mt}^n,l_{m\tau}^n,1)}{D_{mt}^n(1,k_{mt}^n,l_{mt}^n,1)} \times \frac{D_{mt}^n(1,k_{m\tau}^n,l_{m\tau}^n,1)}{D_{mt}^n(1,k_{m\tau}^n,l_{mt}^n,1)} \right]^{\frac{1}{2}}$$

$$= TEC_m^n \times TC_m^n(t) \times KE_{m,\tau}^n \times LE_{m,\tau}^n \tag{4.5}$$

其中，$k = K/E$ 和 $l = L/E$ 分别表示资本能源比和劳动能源比，$D_{mt}^n(\cdot)$ 和 $D_{m\tau}^n(\cdot)$ 是产出方向的谢泼德距离函数。为了避免基准选择的不同造成结果的不一致，本书对式（4.4）和式（4.5）取几何平均值，则有

$$I_{m\tau}^n / I_{mt}^n = TEC_m^n \times \left[TC_m^n(t) \times TC_m^n(\tau) \right]^{\frac{1}{2}}$$

$$\times \left[KE_{m,\tau}^n \times KE_{m,t}^n \right]^{\frac{1}{2}} \times \left[LE_{m,\tau}^n \times LE_{m,t}^n \right]^{\frac{1}{2}}$$

$$= TEC_m^n \times TC_m^n \times KE_m^n \times LE_m^n \tag{4.6}$$

将式（4.6）代入式（4.2）中的 D_{int}^n，则有

$$D_{int}^n = \exp\left\{ \sum_{m=1}^{M} \sum_{j=1}^{J} \frac{L(E_{mj,\tau}^n, E_{mj,t}^n)}{L(E_\tau^n, E_t^n)} \ln(TEC_m^n \times TC_m^n \times KE_m^n \times LE_m^n) \right\}$$

$$= \exp\left\{ \sum_{m=1}^{M} \sum_{j=1}^{J} \frac{L(E_{mj,\tau}^n, E_{mj,t}^n)}{L(E_\tau^n, E_t^n)} \ln TEC_m^n \right\} \times \exp\left\{ \sum_{m=1}^{M} \sum_{j=1}^{J} \frac{L(E_{mj,\tau}^n, E_{mj,t}^n)}{L(E_\tau^n, E_t^n)} \ln TC_m^n \right\}$$

$$\times \exp\left\{ \sum_{m=1}^{M} \sum_{j=1}^{J} \frac{L(E_{mj,\tau}^n, E_{mj,t}^n)}{L(E_\tau^n, E_t^n)} \ln KE_m^n \right\} \times \exp\left\{ \sum_{m=1}^{M} \sum_{j=1}^{J} \frac{L(E_{mj,\tau}^n, E_{mj,t}^n)}{L(E_\tau^n, E_t^n)} \ln LE_m^n \right\}$$

$$= D_{tec}^n \times D_{tc}^n \times D_{ke}^n \times D_{le}^n \tag{4.7}$$

将式（4.7）代入式（4.2），则可得到最终的分解形式：

$$D_{tot}^n = D_{em}^n \times D_{is}^n \times D_{eg}^n \times D_{tec}^n \times D_{tc}^n \times D_{ke}^n \times D_{le}^n \tag{4.8}$$

式（4.8）表明，地区能源消费变化可以最终分解为以下七个成分：能源消费结构变化 D_{em}^n、产业结构变化 D_{is}^n、经济规模变化 D_{eg}^n、技术效率效应 D_{tec}^n（技术效率变化的倒数）、技术进步效应 D_{tc}^n（技术进步的倒数）、资本能源替代效应 D_{ke}^n 和劳动能源替代效应 D_{le}^n。任何一个成分的值大于（小于）1，则表示它推动了能源消费的增加（减少）。

整个国家能源消费可以表示为以下形式：

$$E_t = \sum_{n=1}^{N} \sum_{m=1}^{M} \sum_{j=1}^{J} \frac{E_{ij,t}^n}{E_{i,t}^n} \frac{E_{i,t}^n}{Y_{i,t}^n} \frac{Y_{i,t}^n}{Y_t^n} \frac{Y_t^n}{Y_t} Y_t$$

$$= \sum_{n=1}^{N} \sum_{m=1}^{M} \sum_{j=1}^{J} F_{ij,t}^n I_{i,t}^n S_{i,t}^n R_t^n Y_t \qquad (4.9)$$

类似地，整个国家能源消费变化可以分解为如下形式：

$$D_{tot} = \frac{E_\tau}{E_t} = \exp\left\{ \sum_{n=1}^{N} \sum_{m=1}^{M} \sum_{j=1}^{J} \frac{L(E_{mj,\tau}^n, E_{mj,t}^n)}{L(E_\tau, E_t)} \ln \frac{F_{mj,\tau}^n}{F_{mj,t}^n} \right\}$$

$$\times \exp\left\{ \sum_{n=1}^{N} \sum_{m=1}^{M} \sum_{j=1}^{J} \frac{L(E_{mj,\tau}^n, E_{mj,t}^n)}{L(E_\tau, E_t)} \ln \frac{S_{m,\tau}^n}{S_{m,t}^n} \right\}$$

$$\times \exp\left\{ \sum_{n=1}^{N} \sum_{m=1}^{M} \sum_{j=1}^{J} \frac{L(E_{mj,\tau}^n, E_{mj,t}^n)}{L(E_\tau, E_t)} \ln \frac{R_\tau^n}{R_t^n} \right\}$$

$$\times \exp\left\{ \sum_{n=1}^{N} \sum_{m=1}^{M} \sum_{j=1}^{J} \frac{L(E_{mj,\tau}^n, E_{mj,t}^n)}{L(E_\tau, E_t)} \ln \frac{Y_\tau}{Y_t} \right\}$$

$$\times \exp\left\{ \sum_{n=1}^{N} \sum_{m=1}^{M} \sum_{j=1}^{J} \frac{L(E_{mj,\tau}^n, E_{mj,t}^n)}{L(E_\tau, E_t)} \ln TEC_m^n \right\}$$

$$\times \exp\left\{ \sum_{n=1}^{N} \sum_{m=1}^{M} \sum_{j=1}^{J} \frac{L(E_{mj,\tau}^n, E_{mj,t}^n)}{L(E_\tau, E_t)} \ln TC_m^n \right\}$$

$$\times \exp\left\{ \sum_{n=1}^{N} \sum_{m=1}^{M} \sum_{j=1}^{J} \frac{L(E_{mj,\tau}^n, E_{mj,t}^n)}{L(E_\tau, E_t)} \ln KE_m^n \right\}$$

$$\times \exp\left\{ \sum_{n=1}^{N} \sum_{m=1}^{M} \sum_{j=1}^{J} \frac{L(E_{mj,\tau}^n, E_{mj,t}^n)}{L(E_\tau, E_t)} \ln LE_m^n \right\}$$

$$= D_{em} \times D_{is} \times D_{ros} \times D_{eg} \times D_{tec} \times D_{tc} \times D_{ke} \times D_{le} \qquad (4.10)$$

其中，D_{ros} 表示地区产出份额效应，刻画了地区产出份额变动对能源消费变化的影响。

4.3 实证分析

4.3.1 数据

在实证研究部分，本章收集了中国 30 个地区 2003—2010 年的数据。考虑到地区产业部门数据的可获得性，参考 Ma 和 Stern（2008），本书将宏观经济划分为三大产业，即第一产业、第二产业和第三产业。《中国能源统计年鉴》中的地区能源平衡表提供了 20 多种能源种类的消费量，为了简化，本书将其合并为四大类能源品种，即煤炭、石油、天然气和电力。表4.1 报告了数据来源以及相关处理方法。

表 4.1 数据来源和处理

变量	数据来源	处理方法
能源消费量（E）	历年《中国能源统计年鉴》	所有种类的能源消费量都折算成以标准煤为单位，然后合并成四大类能源消费量
劳动（L）	CEIC 数据库	采用三大产业的就业人数
资本存量（K）	Wu（2009），CEIC 数据库	按照 Wu（2009）的 PIM 方法将其数据扩展到 2010 年，然后将其转换为 2005 年不变价格水平
产出（Y）	CEIC 数据库	采用地区生产总值中的分产业数据，然后将其转换为 2005 年不变价格水平

4.3.2　实证结果及讨论

表4.2 报告了式（4.10）对中国能源消费变化进行分解的计算结果。从表4.2 中我们可以看到，2003—2010 年中国能源消费量年均增长10.3%，累计增长99%[①]，几乎翻了1 倍。在能源消费快速增长的背后，经济规模的扩张是其主要的驱动力。如果没有其他因素的影响，经济规模的扩张将导致中国能源消费在2003—2010 年增长1.361 倍，即年均增长13.1%。这一结论与Kahrl 等（2012）的发现基本一致。由于在样本考察期间地区产出份额变动很小，地区产出份额效应对中国能源消费变化的影响几乎为零。与此相似，能源消费结构效应对中国能源消费变动的影响也很小。这主要是由于中国能源消费以煤为主，煤炭消费比重居高不下。根据国家统计局的数据，中国 2003 年煤炭消费量占总能源消费量的69.8%，而在 2010 年，这一数字为68.4%。从表4.2 中我们还可以看到，产业结构变化导致中国能源消费量在样本期间年均增长1.0%，累计增长7.1%。这与中国正处于工业化快速发展阶段的现实相符。显然，工业部门的扩张需要消耗更多的能源。

---

① 本书中的中国能源消费量数据由各个地区的分产业数据加总得到，因此可能与官方公布的总量数据有偏差。

表 4.2   中国能源消费变化因素分解结果

年份	D_{tot}	D_{eg}	D_{ros}	D_{em}	D_{is}	D_{int}	D_{tc}	D_{tec}	D_{ke}	D_{le}
2003—2004	1.139	1.135	0.998	1.000	1.013	0.992	0.944	1.033	0.995	1.023
2004—2005	1.195	1.131	1.000	1.001	1.011	1.044	0.987	1.000	1.022	1.035
2005—2006	1.093	1.138	0.999	1.000	1.011	0.951	0.968	0.985	0.983	1.015
2006—2007	1.090	1.145	1.000	1.000	1.011	0.942	0.957	1.014	0.960	1.011
2007—2008	1.069	1.118	1.001	1.000	1.006	0.950	0.972	1.012	0.960	1.006
2008—2009	1.064	1.116	1.001	1.000	1.007	0.946	0.970	1.017	0.954	1.006
2009—2010	1.078	1.131	1.002	1.000	1.010	0.943	0.954	1.014	0.965	1.010
几何平均	1.103	1.131	1.000	1.000	1.010	0.966	0.964	1.011	0.976	1.015
2003—2010	1.990	2.361	1.000	1.000	1.071	0.785	0.776	1.077	0.847	1.110

由表 4.2 可知，部门能源强度效应降低了中国能源消费的增长速度。假设其他影响因素保持不变，部门能源强度效应将使中国能源消费在样本期间年均下降 3.4%，累计下降 21.5%。部门能源强度效应被进一步分解成 4 个子效应，即生产技术进步效应、技术效率效应、资本能源替代效应和劳动能源替代效应。生产技术进步效应既是部门强度效应的主要贡献者，也是降低中国能源消费增长速度的主要推动力。持续的技术进步促使中国能源消费在样本期间年均下降 3.6%，累计下降 22.4%。与之相反，我们可以看到，在大部分年份，中国出现了技术效率恶化的现象，使得中国能源消费年均增长了 1.1%，累计增长 7.7%。这一结果揭示了中国当前的经济还是粗放型增长模式。在资本能源替代效应和劳动能源替代效应方面，资本对能源的替代促使中国能源消费在样本期间年均下降 2.4%，累计下降 15.3%；而能源对劳动的替代使中国能源消费在样本期间年均增长 1.5%，累计增长 11%，是中国能源消费增长的第二大推动力，仅次于经济规模的扩张。

利用式 (4.8)，本书对中国 30 个地区 2003—2010 年逐年的能源消费变动进行了分解。为了节省篇幅，表 4.3 只报告了 2003—2010 年中国地区能源消费累计变化及其各个分解成分。从表 4.3 中可以看到，大部分地区的能源消费在 2003—2010 年出现了大幅增长，其中增长最快的是内蒙古（212.6%），其次是湖南（140.6%）和山东（139.6%）。对于所有地区而言，经济规模的扩张是能源消费快速增长的最大推动力。其在样本期间的累计效应为 103.4%（新疆） ~223.4%（内蒙古）。正如上文所指出的，在整个国家层面，能源消费结构变动对中国能源消费的影响几乎可以忽略不计。这个结论同样适用于各个地区。对大部分地区而言，产业结构变化推动了其能源消费的增长。但对于北京和上海而言，产业结构变化起着相反的作用，即降低了能源消费的增长速度。与正处于工业化快速发展阶段的大多数地区不同，北京和上海是中国经济最为发达的地区，其经济发展已经进入后工业化发展阶段，第二产业比重不断下降，而第三产业比重不断上升。[①] 众所周知，第二产业的能耗要比第三产业高。这种产业结构的转变能够降低能源消费的增长速度。因此，这一结论与经济学直觉一致。

表 4.3   2003—2010 年能源消费变化因素的分解结果

地区	D_{tot}	D_{eg}	D_{em}	D_{is}	D_{int}	D_{tc}	D_{tec}	D_{ke}	D_{le}
安徽	1.437	2.352	1.000	1.194	0.512	0.867	1.186	0.495	1.006
北京	1.622	2.195	1.000	**0.980**	0.754	0.743	0.990	0.988	1.037
福建	2.331	2.376	1.005	1.065	0.916	0.768	1.144	0.965	1.081
甘肃	1.718	2.108	1.000	1.058	0.770	0.829	1.036	0.766	1.170
广东	1.914	2.346	1.001	1.040	0.784	0.871	0.996	0.871	1.037
广西	2.075	2.412	1.001	1.198	0.718	0.870	1.070	0.780	0.988
贵州	1.390	2.192	1.000	1.067	0.595	0.870	0.963	0.706	1.005
海南	1.803	2.235	1.000	1.167	0.691	0.716	0.898	1.031	1.042
河北	1.704	2.217	1.001	1.059	0.725	0.789	0.999	0.814	1.132
河南	2.293	2.376	1.001	1.104	0.873	0.818	1.210	0.871	1.013
黑龙江	1.643	2.189	1.001	1.023	0.733	0.793	1.053	0.745	1.178
湖北	1.996	2.375	1.001	1.103	0.761	0.824	0.997	0.901	1.029
湖南	2.406	2.364	1.005	1.114	0.909	0.890	1.092	0.908	1.031
吉林	1.832	2.510	1.000	1.098	0.664	0.738	1.183	0.711	1.071
江苏	2.096	2.475	1.001	1.033	0.819	0.792	0.997	0.993	1.045
江西	1.916	2.349	1.003	1.097	0.742	0.840	1.083	0.809	1.007
辽宁	1.955	2.404	1.002	1.099	0.738	0.760	1.165	0.697	1.197
内蒙古	3.126	3.234	1.004	1.135	0.848	0.676	0.838	1.026	1.458
宁夏	2.054	2.229	1.012	1.138	0.801	0.756	1.001	0.862	1.227
青海	2.018	2.326	1.002	1.086	0.797	0.754	1.052	0.867	1.159

---

①   根据《中国统计年鉴》，北京第二产业比重从 2003 年的 35.8% 下降到 2010 年的 24%，第三产业比重从 2003 年的 61.6% 上升到 2010 年的 75.1%；上海第二产业比重从 2003 年的 50.1% 下降到 2010 年的 42.1%，第三产业比重从 2003 年的 48.4% 上升到 2010 年的 57.3%。

续表

地区	D_{tot}	D_{eg}	D_{em}	D_{is}	D_{int}	D_{tc}	D_{tec}	D_{ke}	D_{le}
山东	2.396	2.451	1.003	1.059	0.920	0.779	1.065	0.937	1.184
山西	1.759	2.239	1.001	1.021	0.768	0.798	1.071	0.785	1.145
陕西	2.368	2.459	1.006	1.049	0.912	0.786	1.049	0.963	1.149
上海	1.978	2.164	1.000	**0.988**	0.925	0.715	1.000	1.006	1.287
四川	1.986	2.358	1.001	1.172	0.718	0.945	1.503	0.503	1.004
天津	1.714	2.807	1.001	1.020	0.598	0.664	0.878	0.900	1.141
新疆	1.665	2.034	1.004	1.057	0.772	0.563	1.144	0.887	1.352
云南	2.188	2.126	1.008	1.071	0.953	0.823	1.174	0.914	1.080
浙江	1.909	2.259	1.001	1.000	0.844	0.773	1.026	0.991	1.074
重庆	2.362	2.511	1.003	1.095	0.857	0.937	1.461	0.618	1.014
几何平均	1.960	2.346	1.002	1.078	0.773	0.787	1.069	0.830	1.106

对于所有地区而言，部门能源强度效应都对能源消费增长起到了负的作用。Liu 和 Ang（2007）、Ang（2010）认为部门能源强度效应可以作为反映能源效率变化的指标。从表 4.3 中我们可以看到，安徽是能源效率提升最快的地区，2003—2010 年其部门能源强度效应减少了 48.4% 的能源消费；而云南是能源效率提升最慢的地区，其能源效率的提升仅减少了 4.7% 的能源消费。

由表 4.3 可知，所有地区的生产技术效应值都小于 1，即所有地区在样本期间经历了技术进步，进而提高了能源效率，减少了能源消费。在所有地区中，有 18 个地区的生产技术进步效应是其部门强度效应的 4 个子效应中的最小值。换言之，生产技术进步效应是样本中 18 个地区部门能源强度下降的最大驱动力。与此相反，大部分地区的技术效率出现了下降。其中，四川省的技术效率下降幅度最大，推动其能源消费上升了 50.3%。少数省份的技术效率呈上升状态，例如内蒙古的技术效率效应在样本期间减少了其 16.2% 的能源消费。资本能源替代效应是部门能源强度下降的另一驱动因素。除上海、海南和内蒙古等少数地区外，其他地区的资本能源替代效应值都小于 1，意味着在这些地区，资本对能源产生了替代，进而降低了能源消费的增长速度。在所有地区中，有 12 个地区的资本能源替代效应值在其部门能源强度效应的 4 个子效应中最小。与资本能源替代效应的作用相反，除了广西，其他地区的劳动能源替代效应值大于 1，即在这些地区，能源对劳动产生了替代，进而不利于降低能源消费增长速度。这一效应在 16 个地区中，是其能源消费增长的第二大驱动力。

4.4 结语

本章对第3章提出的综合分解框架进行了修改。本章的模型结合了 PDA 方法和 IDA 方法的优点，能够为一个国家或者地区能源消费的变动提供更加深入、全面的解释。利用修改后的模型，本书对中国 2003—2010 年能源快速增长的影响因素进行实证分析。实证结果显示：首先，经济规模的扩张是中国能源消费快速增长的最大贡献者；其次，产业结构变化、劳动能源替代效应和技术效率效应是推动中国能源消费增长的重要因素；再次，生产技术进步效应和资本能源替代效应是降低能源消费增长速度的主要因素；最后，能源消费结构变化和地区产出份额变动对能源消费的影响很小，几乎可以忽略不计。此外，本章还对中国 30 个地区在 2003—2010 年能源消费变动的驱动因素进行了考察。平均而言，每个地区在样本期间的能源消费增长了 96%。决定能源消费增长的各个因素的贡献分别为经济规模扩张（134.6%）、能源消费结构变化（0.2%）、产业结构变化（7.8%）、生产技术效应（−22.7%）、技术效率效应（6.9%）、资本能源替代效应（−17%）和劳动能源替代效应（10.6%）。

本章的研究内容不但有助于解释中国能源消费的快速增长，而且能够明晰中国减少能源消费的机遇与挑战，进而为中国能源政策的制定提供参考。在未来相当长的时间内，经济增长与工业化扩张将是中国控制能源消费的两大挑战。对此，本章的政策含义如下：首先，正如实证分析所显示的，2003—2010 年中国技术效率出现了恶化现象，进而推动了能源消费的上升，因此中国政府应当推动经济发展模式从粗放型向集约型转变。其次，技术进步是抑制能源消费增长的最有效的方式，因此中国政府应当加大教育、科研投资，鼓励企业进行技术创新。最后，中国政府应当推动产业升级和优化产业结构，通过有效的财税政策扶持绿色经济产业的发展。

5　要素市场扭曲下的中国能源效率分析[*]

5.1　引言

改革开放以来，我国经济一直保持高速增长，取得了举世瞩目的成就。但长期以来，高投入、高能耗的粗放型经济增长模式让我们付出了巨大的能源代价。现阶段，我国还处于城市化和工业化的快速发展阶段，能源需求还在迅速增长而且具有刚性（林伯强，2010），能源供需矛盾日趋紧张。经济的持续增长将面临越来越严重的能源约束问题。因此，要实现我国经济的持续增长，我们势必要提高能源效率，减少能源浪费。

许多研究对我国的能源效率现状及其影响因素进行了分析，但尚未有文献注意到我国经济转轨过程中存在的特殊现象：我国地区的要素市场普遍存在扭曲，要素市场的市场化进程不但滞后于产品市场的市场化进程（张曙光和程炼，2010；张杰等，2011a、2011b），而且不同地区要素市场的市场化进程也很不一致（赵自芳，2006）。我们自然地产生这些疑问：要素市场扭曲是否抑制了我国能源效率的提升？地区间要素市场市场化进程的不一致是不是地区能源效率差异的重要原因？由于要素市场的扭曲，我们白白浪费了多少能源？本书试图对这些问题进行解答。

现有的经济理论告诉我们，要素市场的扭曲将导致资源配置的无效率，进而影响经济运行的效率。近年来，许多文献对此进行了经验研究。例如，赵自芳和史晋川（2006）以1999—2005年全国30个地区的制造业为样本，对要素市场扭曲导致的技术效率损失进行测算。其研究结果显示，如果消除要素市场的扭曲，在投入不变的情况下，可以使全国制造业总产出至少提高11%。Hsieh和Klenow（2009）对中国和印度两国要素市场扭曲的生产率效应进行了分析，认为如果中国和印度两国的要素配置像美国那样配置给效率高的企业，

---

　　*　本章主要内容以"要素市场扭曲对中国能源效率的影响"为题发表于《经济研究》（2013年第9期）。

那么中国和印度的制造业全要素生产率（TFP）将分别能够提高30%～50%和40%～60%。陈永伟和胡伟民（2011）的研究表明，要素价格扭曲导致的制造业间的资源错配大约造成了实际产出和潜在产出之间15%的缺口。张杰等（2011a）发现，要素市场扭曲所带来的寻租机会削弱了企业研发的投入，要素市场越不完善的地区，要素市场扭曲对企业研发的抑制效应越大。因此，地方政府对要素市场的管制虽然可以在短期内促进本地经济的增长，但不利于经济的长期发展。张杰等（2011b）、施炳展和冼国明（2012）实证发现，要素市场扭曲激励了我国本土企业的低价出口，不利于我国的可持续发展。王芃和武英涛（2014）实证分析了能源产业市场扭曲与全要素生产率之间的关系，发现如果纠正市场扭曲，可推动能源产业全要素生产率增长43.51%。

从理论上讲，要素市场扭曲对能源效率的影响主要存在三个方面的机理。首先，要素价格扭曲对粗放型增长模式产生了锁定效应。一方面，要素价格的低估使本应被淘汰的落后产能仍然有利可图；另一方面，低成本要素使企业可以通过增加要素投入来获得利润，抑制了企业进行研发和技术投资的动力（张杰等，2011a）。由此可见，要素市场扭曲阻碍了地区产业的升级及转型，形成了对粗放型增长模式的锁定，进而影响到生产中能源效率的提升。其次，由于自然资源的国有性质，地方政府掌握了资源的初始分配权，在现阶段政府官员监督体制不完善的情况下，容易滋生企业的寻租行为。这意味着与政府"关系密切"的企业能够以更低的成本获得生产要素，[①] 然而没有证据表明有政治关联的企业的生产效率要高于普通企业；相反，政治关联带来的额外收益会抑制企业自身能力建设的动力（杨其静，2011），我们更有理由相信有政治关联企业的生产效率往往低于没有政治关联的企业。例如，聂辉华和贾瑞雪（2011）研究发现，国有企业全要素生产率低于其他企业，是资源误置的主要原因。要素市场的这种扭曲违背了市场优先将资源分配给效率高的企业的原则，使资源没有得到最有效的利用。最后，"以增长为竞争"的地方政府为了促进本地区经济的增长，倾向于将要素优先分配给辖区内企业生产，并对其他地区企业实行价格歧视，这不利于地区间生产的分工。基于此，我们提出本书的研究假说：要素市场扭曲阻碍了我国能源效率的提升，地区间要素市场化进程的不同步是地区能源效率呈现差异的重要原因。

本章的主要贡献在于：第一，基于我国地区要素市场普遍存在扭曲并且不

---

① 余明桂等（2010）指出，在制度约束较弱的地区，企业倾向于通过与政府建立政治联系及向掌握要素资源分配权的政府官员寻租来获得要素资源。

同地区的要素市场市场化进程也很不一致的典型事实，对要素市场扭曲与能源效率之间的关系进行了经验研究，丰富了研究视角，是对现有研究的有益补充；第二，采用反事实计量的方法，首次测度了我国要素市场扭曲的能源效率损失和能源损失；第三，采用 Wang 和 Ho（2010）的固定效应随机前沿模型，有效地控制了个体不可观察的特征，使模型估计结果更加可靠。

5.2 模型及数据来源

5.2.1 能源效率的界定

假设一个地区以劳动（L）、资本（K）和能源（E）作为投入要素生产单一商品（Y），其生产技术可以表示为 $T = \{(L, K, E, Y) \mid (L, K, E)$ 可以生产出 $Y\}$。一般而言，集合 T 为有界闭集且投入产出满足强可处置性。

针对已有能源效率界定及测度的缺点，Zhou 等（2012a）定义了如下基于能源投入的谢泼德方向距离函数：

$$D_E(L,K,E,Y) = \text{sub}\{\theta \mid (L,K,E/\theta,Y) \in T\} \tag{5.1}$$

由式（5.1）及生产技术的强可处置性，我们可以得到以下两个结论：(1) $D_E(L,K,E,Y) \geqslant 1$；(2) 能源距离函数 $D_E(L,K,E,Y)$ 是能源投入（E）的线性齐次函数。

能源距离函数反映了一个地区在现行技术条件下保持劳动、资本投入和产出不变时能源投入的最大可缩减比例。[①] $E/D_E(L,K,E,Y)$ 是该地区能源投入最有效时的能源投入量，即理论上最优的能源投入。理论上最优的能源投入与实际能源投入的比值反映了该地区能源投入偏离最优生产所需能源投入的程度；当 $1/D_E(L,K,E,Y)$ 为 1 时，实际能源投入量与最优投入量相等，因此生产活动是能源有效的；$1/D_E(L,K,E,Y)$ 越小，实际生产活动偏离最优能源投入的程度越大，能源投入越无效。因此，我们可以将其定义为能源效率 EEI，即 $EEI = 1/D_E(L,K,E,Y)$。相应地，$(1 - EEI) \times E$ 就是该地区能源无效率的损失，即可减少的能源投入量。

---

① 这与已有文献所定义的全要素能源效率不同。传统的全要素能源效率要求所投入要素相同比例地缩减，因而会存在一个短板效应，不能反映出真实的能源效率。例如，假设存在这样一个经济系统，在保持产出不变的情况下，其资本、劳动和能源可以分别缩减 50%、60% 和 70%，那么所有投入的共同缩减程度是 50%。但是，在允许资本和劳动投入不变的情况下，我们可以减少 70% 的能源投入。

5.5.2 实证模型

为了采用 SFA 方法对能源效率进行估计，我们需要对能源距离函数的形式进行假设。为了降低函数形式误设的风险，本书采用更加灵活的超越对数函数①，具体形式如下：

$$\ln D_E(L_{it}, K_{it}, E_{it}, Y_{it}) = \beta_0 + \beta_1 \ln L_{it} + \beta_2 \ln K_{it} + \beta_3 \ln E_{it} + \beta_4 \ln Y_{it}$$
$$+ \beta_5 [\ln L_{it} \times \ln K_{it}] + \beta_6 [\ln E_{it} \times \ln K_{it}] + \beta_7 [\ln E_{it} \times \ln L_{it}]$$
$$+ \beta_8 [\ln E_{it} \times \ln Y_{it}] + \beta_9 [\ln L_{it} \times \ln Y_{it}] + \beta_{10} [\ln K_{it} \times \ln Y_{it}]$$
$$+ \beta_{11} [\ln E_{it}]^2 + \beta_{12} [\ln L_{it}]^2 + \beta_{13} [\ln K_{it}]^2 + \beta_{14} [\ln Y_{it}]^2 + \nu_{it} \qquad (5.2)$$

其中，v_{it} 是随机扰动项，满足经典计量假设，即 $\nu_{it} \sim i.i.d_{N(0,\sigma_u^2)}$。

由于 $D_E(L,K,E,Y)$ 是 E 的线性齐次函数，我们可以将 $\ln D_E(L,K,E,Y)$ 分解为

$$\ln D_E(L,K,E,Y) = \ln E + \ln D_E(L,K,1,Y) \qquad (5.3)$$

基于式（5.3），我们可以将式（5.2）进一步整理为

$$\ln(1/E_{it}) = \alpha_0 + \alpha_1 \ln L_{it} + \alpha_2 \ln K_{it} + \alpha_3 \ln Y_{it}$$
$$+ \alpha_4 [\ln Y_{it} \times \ln L_{it}] + \alpha_5 [\ln Y_{it} \times \ln K_{it}] + \alpha_6 [\ln L_{it} \times \ln K_{it}]$$
$$+ \alpha_7 [\ln L_{it}]^2 + \alpha_8 [\ln K_{it}]^2 + \alpha_9 [\ln K_{it}]^2 - u_{it} + \nu_{it} \qquad (5.4)$$

其中，$u_{it} = \ln D_E(L_{it}, K_{it}, E_{it}, Y_{it}) \geqslant 0$，反映了该地区实际生产活动中的能源无效率。相应地，能源效率 $EEI_{it} = \exp(-u_{it})$。假设 u_{it} 服从特定的分布，式（5.4）就是典型的 SFA 模型。Battese 和 Coelli（1995）进一步假定 u_{it} 由一些外生影响因素决定，并通过联立的极大似然法进一步估计模型的所有参数。Battese 和 Coelli（1995）提出的该模型不但可以测算出决策单元的技术效率，而且能够对决策单元的技术效率影响因素进行分析，因此在效率分析中得到了广泛的应用。但是，该模型并没有考虑不可观察地区的个体效应，无法使模型得到一致的估计（Kumbhakar，1990）。例如，不同地区的经济发展水平不一样，其技术水平也很可能不相同，因此不同地区有不同的生产前沿边界。如果忽略了个体的异质性，所有地区以同一生产前沿边界为基准，则会使无效率项的估计出现较大的偏差。

基于以上考虑，本书采用 Wang 和 Ho（2010）提出的面板数据的固定效应 SFA 模型。我们在式（5.4）中加入反映个体异质性的参数 c_i，令 $b_i = \alpha_0 + c_i$，则模型进一步表示为

---

① 超越对数函数可以作为一般函数的二阶近似。CD 函数可以视为超越对数函数的一种限定形式。

$$\ln(1/E_{it}) = b_i + \alpha_1 \ln L_{it} + \alpha_2 \ln K_{it} + \alpha_3 \ln Y_{it}$$
$$+ \alpha_4 [\ln Y_{it} \times \ln L_{it}] + \alpha_5 [\ln Y_{it} \times \ln K_{it}] + \alpha_6 [\ln L_{it} \times \ln K_{it}]$$
$$+ \alpha_7 [\ln L_{it}]^2 + \alpha_8 [\ln K_{it}]^2 + \alpha_9 [\ln K_{it}]^2 - u_{it} + v_{it} \qquad (5.5)$$

为了实证分析要素市场扭曲对能源效率的影响，我们进一步假设

$$u_{it} = h_{it} u_i^*, \quad h_{it} = \exp(\delta FAC_{it} + Z'_{it}\gamma), \quad u^* \sim N^+(\mu, \sigma_u^2) \qquad (5.6)$$

其中，FAC 表示要素市场扭曲的变量；Z 表示能源无效率的其他影响因素向量，作为控制变量；u_i^* 服从在 0 处截断的非负正态分布，当 $\mu = 0$ 时，u_i^* 就是非负的半正态分布。

式（5.5）和式（5.6）构成了一个面板数据的固定效应随机前沿模型，本书利用了 Wang 和 Ho（2010）提出的组内均值变换法进行估计。[①]

在得到模型参数后，通过式（5.7）便可获得能源效率值的估计：

$$EEI_{it} = \exp(-\hat{u}_{it}), \quad u\hat{u}_{it} = E[u_{it} | \tilde{\varepsilon}_{i.}] \qquad (5.7)$$

5.2.3　变量及数据来源

本章以我国内地 29 个地区为研究对象，以 1997—2009 年为时间窗口[②]，采用的基础数据来自 CEIC 中国经济数据库、《新中国六十年统计资料汇编》、历年《中国统计年鉴》、各地历年统计年鉴、历年《中国人口统计年鉴》和《中国人口和就业统计年鉴》。

5.2.3.1　投入产出变量

经济产出（Y）以各省实际地区生产总值表示。利用各省的名义地区生产总值及生产总值指数计算得到地区生产总值平减指数，以 1997 年的价格作为基期对名义地区生产总值进行缩减得到实际地区生产总值。考虑到从业人员数不能反映出劳动质量上的差别，我们用平均受教育年限[③]和从业人员数的乘积作为劳动投入（L）的代理变量。资本投入（K）采用年均资本存量来度量。1997—2006 年的资本存量采用单豪杰（2008）的测算结果[④]，并根据其方法测算 2006 年以后各地区的资本存量，然后以 1997 年的价格为基期进行平减。能源投入（E）采用各省年度能源消费量，数据来自 CEIC 中国经济数据库。

---

① 具体的估计方法请参阅 Wang 和 Ho（2010）。

② 西藏和海南部分变量数据缺失严重，故不在本书考察范围之内。

③ 从业人员的受教育程度划分为大学教育、高中教育、初中教育和小学教育四类，各类受教育程度的平均累计受教育年限分别定为 16 年、12 年、9 年和 6 年。

④ 单豪杰（2008）将四川和重庆的数据进行了合并。我们依照其方法，重新估计这两个地区的资本存量。

5.2.3.2 能源效率影响变量

要素市场扭曲 *FAC* 是本章研究的核心变量。缺少历年的产品价格和要素投入量，导致对我国的地区要素市场扭曲程度进行直接的测度变得困难。因此，张杰等（2011a）提出通过樊纲等的《中国市场化指数》中对于总体市场、产品市场和要素市场的市场程度评分来构造要素市场扭曲指标。张杰等（2011a）构造了如下两个衡量要素市场扭曲的指标：*FAC*1 =（产品市场的市场化指数 – 要素市场发育指数）/产品市场的市场化指数，*FAC*2 =（总体市场的市场化指数 – 要素市场发育指数）/总体市场的市场化指数。虽然该测度方法考虑到了地区要素市场的市场化进程滞后于产品市场的事实，但通过观察总体市场的市场化指数、产品市场的市场化指数与要素市场发育程度数据，我们发现要素市场发育程度低的地区，其产品市场和总体市场的市场化程度也比较低。[①] 因此，采取张杰等（2011a）的指标构造方法会低估地区间要素市场相对扭曲的程度。鉴于此，本书直接用各地区要素市场发育程度与样本中要素市场发育程度最高值之间的相对差距作为要素市场扭曲的代理变量。具体而言，本书构造的要素市场扭曲指标为 $FAC_{it} = [\max(factor_{it}) - factor_{it}]/\max(factor_{it}) \times 100$，其中 $factor_{it}$ 为要素市场发育程度指数。显然，我们构造的要素扭曲指标不但可以体现出地区间要素市场扭曲程度的相对差异，而且反映了地区要素市场扭曲自身随时间而发生的变化。[②] 要素市场发育程度数据来自樊纲等（2012）的《中国市场化指数：各地区市场化相对进程 2011 年报告》。

图 5.1 描绘了要素市场扭曲中位数、最小值和最大值的走势。比较最大值、中位数和最小值的走势，我们可以发现 2007 年以前，最小值的提升速度快于中位数和最大值的提升速度，即要素市场发育程度高的地区要素市场市场化进程更快。此外，我们还注意到，最小值在 2008 年大幅上升，一个可能的原因是 2008 年遭遇国际金融危机，经济处于低谷，政府对要素市场的干预程度有所增强。图 5.2 描绘了主要年份的地区要素市场扭曲核密度。由图 5.2 可知，要素市场扭曲的分布明显右偏，即少数地区的要素市场扭曲程度远小于其他地区，说明我国地区要素市场的市场化进程相当不一致。此外，要素市场扭

[①] 要素市场的发育程度指数与总体市场的市场化指数和产品市场的市场化指数之间的相关系数分别为 0.8993 和 0.6020，高度正相关。

[②] 本书所定义的要素市场扭曲是一个相对的概念，即以要素市场发育程度最高的 2007 年的上海市（值为 11.93）为标准。当然，这并不意味着 2007 年的上海市要素市场就不存在扭曲，实际情况很可能恰恰相反，因而我们这里定义的要素市场扭曲程度可能低于真实值，这会导致我们低估要素市场引致的能源损失，但在绝对扭曲不可获得的情况下，本书的方法也不失为一种可取的办法。

曲的分布整体随时间左移，反映了我国整体要素市场逐步完善，要素市场的扭曲程度逐渐减弱。

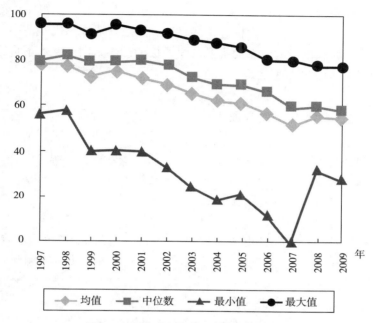

图 5.1 要素市场扭曲程度的时间趋势

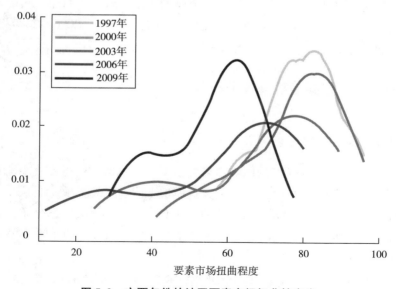

图 5.2 主要年份的地区要素市场扭曲核密度

在控制变量方面，借鉴已有文献的研究，本书选择以下能源效率影响变量[①]：

一是产业结构（INDUSTRY）。与以工业为主的第二产业相比，第三产业的单位能源消耗较低。随着我国经济的发展，第三产业在国民经济中的比重不断上升，这将对我国能源效率的提升产生积极的影响。因此，本书将第三产业比重作为产业结构的代理变量。

二是外商直接投资（FDI）。外商直接投资不但具有技术溢出效应，而且能够为本地企业带来先进的管理经验，有利于本地企业生产率的提高。另外，随着发达国家环境规制强度的上升，外商直接投资往往带来高耗能、高污染的产业，进而导致能源消费的增加。因此，外商直接投资对能源效率存在双重影响，其净效应有待进一步分析。为此，本书选取外商直接投资占地区生产总值的比重作为外商直接投资的代理变量。

三是能源价格（PRICE）。能源价格的上升有助于企业提高节能意识、减少能源浪费，推动企业采取更加节能的生产技术，促进能源效率的提升。Karen Fisher - Vanden 等（2004）、张综益等（2010）等指出，能源价格的上升是我国推动能源强度下降的一个重要因素。鉴于数据的可获得性，本书以原材料、燃料、动力购进价格指数作为能源价格的代理变量。

四是政策虚拟变量（POLICY）。考虑到我国政府在"十一五"规划中更加注重对能源的有效利用，出台了各种节能的政策措施，我们加入政策虚拟变量，用于检验政策的作用，具体设置是"十一五"期间（2006—2009 年）政策变量取值为 1，其他年份取值为 0。

5.3　实证结果及稳健性分析

5.3.1　实证结果分析

表 5.1 给出了不同模型的回归结果。模型 1 和模型 2 只在无效率函数中放入要素市场扭曲程度（FAC）一个变量；模型 1 假设无效率项 u 服从非负的半正态分布，而模型 2 的无效率项服从的是在 0 处截断的非负正态分布。在模型 1 和模型 2 中，要素市场扭曲程度的系数都为正，且在 1% 的水平下显著不为

[①] 影响能源效率的因素可能有很多，我们不可能将所有影响因素都考虑在内，而且在回归方程中放入过多的影响变量往往会引致多重共线性的风险。此外，本书采用了固定效应的 SFA 模型，可以在一定程度上控制未纳入回归方程的地区特征。

0，说明要素市场扭曲程度与能源无效率正相关，即要素市场扭曲对能源效率有负的影响，要素市场扭曲程度大的地方能源效率低，这初步验证了我们的假说。

模型 3 和模型 4 分别在模型 1 和模型 2 的基础上加入了产业结构、外商直接投资、能源价格和政策虚拟变量。回归结果显示，加入了控制变量后，要素市场扭曲变量的系数在 1% 的水平下仍然显著为正。从其他变量的回归结果来看，第三产业比重的系数为负，并且模型 3～模型 6 都至少能够在 1% 的水平下拒绝取值为 0 的假设，说明第三产业的发展有助于能源效率的提升，这一结论与魏楚和沈满洪（2007）的研究一致。现阶段我国第三产业的发展还滞后于经济的发展，过度依赖工业的发展模式限制了能源效率的提升。外商直接投资的回归系数为正，并且在 1% 的水平下显著。由此可见，外商直接投资的产业转移效应超过了其溢出和示范效应，这一发现在一定程度上支持了"污染天堂假说"。无论是在超越对数距离函数模型（模型 3～模型 4）中还是在 CD 距离函数模型（模型 5～模型 6）中，能源价格的系数都在 1% 的水平下显著为负，即能源价格的上升有助于提高能源效率。这一结果与我们的直觉相符。一般而言，能源价格上升有利于提高人们的节能意识，进而减少能源的过度消费及浪费。此外，政策虚拟变量的回归系数虽然为负，但在模型 3 和模型 4 中都不能拒绝取值为 0 的原假设，即政府在"十一五"期间的节能减排政策实质上并没有明显降低能源的无效率，这说明行政手段式的节能减排虽然起到了减少部分能源投入量的作用，但对能源效率的改善并不明显。

表 5.1　实证检验结果

距离函数	模型 1	模型 2	模型 3	模型 4	模型 5	模型 6
$\ln Y$	3.951***	4.117***	3.496***	3.247***	-0.824***	-0.821***
	(0.270)	(0.269)	(0.313)	(0.303)	(0.039)	(0.040)
$\ln K$	-4.051***	-4.151***	-3.916***	-3.737***	-0.111***	-0.109***
	(0.206)	(0.205)	(0.245)	(0.234)	(0.029)	(0.030)
$\ln L$	-1.070***	-1.204***	-0.273	-0.173	-0.276***	-0.283***
	(0.339)	(0.343)	(0.414)	(0.372)	(0.046)	(0.047)
$\ln Y \times \ln K$	-0.034	-0.023	-0.006	-0.012		
	(0.040)	(0.037)	(0.062)	(0.037)		
$\ln L \times \ln K$	0.323***	0.334***	0.280***	0.265***		
	(0.025)	(0.025)	(0.025)	(0.025)		

续表

距离函数	模型1	模型2	模型3	模型4	模型5	模型6
$\ln Y \times \ln L$	-0.415*** (0.032)	-0.428*** (0.032)	-0.390*** (0.035)	-0.363*** (0.035)		
$[\ln Y]^2$	-0.063** (0.027)	-0.071*** (0.025)	-0.082** (0.040)	-0.076*** (0.026)		
$[\ln L]^2$	0.108*** (0.028)	0.116*** (0.028)	0.052 (0.033)	0.039 (0.031)		
$[\ln K]^2$	0.090*** (0.017)	0.084*** (0.016)	0.100*** (0.025)	0.099*** (0.017)		
无效率函数						
FAC	0.033*** (0.003)	0.030*** (0.004)	0.006*** (0.001)	0.006*** (0.001)	0.003*** (0.001)	0.004*** (0.001)
INDUSTRY			-0.044*** (0.005)	-0.046*** (0.005)	-0.028*** (0.003)	-0.036*** (0.005)
FDI			0.033*** (0.005)	0.036*** (0.006)	0.022*** (0.003)	0.026*** (0.004)
PRICE			-0.004*** (0.001)	-0.004*** (0.001)	-0.003*** (0.001)	-0.005*** (0.001)
POLICY			-0.008 (0.025)	-0.012 (0.021)	-0.043*** (0.013)	-0.060*** (0.019)
C_v	-4.703*** (0.022)	-4.713*** (0.022)	-4.946*** (0.022)	-4.952*** (0.022)	-4.895*** (0.022)	-4.904*** (0.022)
C_u	-8.316*** (0.726)	-2.237*** (1.615)	1.304*** (0.286)	1.854*** (0.477)	1.327*** (0.179)	3.294*** (1.322)
μ		-7.992 (12.359)		-1.541 (1.355)		-12.041 (18.026)
对数似然值	306.847	309.254	343.059	343.231	330.957	331.271

注：括号内是标准差，***、**、* 分别表示在 1%、5% 和 10% 的水平下显著，$C_v = \log \sigma_v^2$，$C_u = \log \sigma_u^2$。

模型 5 和模型 6 采用了 CD 形式的距离函数，其回归得到的结论也基本上与前几个模型一致。因此，综上所述，要素市场扭曲抑制了我国能源效率的提升，现阶段我国地区要素市场市场化进程的不同步是地区间能源效率差异的一个重要原因，调整产业结构、推动第三产业的发展对能源效率的提升有积极的作用，外商直接投资的引进不利于能源效率的提升，"十一五"期间的节能减排政策对能源效率的影响并不显著。

以模型 4 为一般模型，其他模型都可以表示为它的限制形式，因此我们可以通过广义似然比统计量对不同模型设定进行检验。表 5.2 给出了不同模型设定的检验结果。第 1 个和第 2 个检验是针对模型 1 和模型 2 的检验，其似然比统计量都大于 5% 显著性水平下的卡方分布临界值，拒绝零假设，说明除要素市场扭曲程度外，能源无效率还受到产业结构、外商直接投资、能源价格和政策的影响。第 3 个和第 4 个检验是针对模型 5 和模型 6 的检验，即检验方向距离函数使用 CD 形式是否更合适，检验结果拒绝了零假设，说明我们最初的距离函数形式设定基本恰当。第 5 个检验是对模型 3 的检验，即无效率项 u 服从非负的半正态分布；其似然比统计量为 0.344，小于自由度为 1 的卡方分布在 10% 显著水平的临界值，不能拒绝零假设；此外，从模型 4 中 μ 的显著性来看，也不能拒绝零假设，因此，我们可以认为能源无效率项服从的是非负的半正态分布。

表 5.2 模型设定检验

零假设 H_0	似然比统计量	$\chi^2_{0.05}$ 临界值	$\chi^2_{0.1}$ 临界值
$H_{01}:\mu = \gamma_2 = \gamma_3 = \gamma_4 = \gamma_5 = 0$	72.768	11.07	9.236
$H_{02}:\gamma_2 = \gamma_3 = \gamma_4 = \gamma_5 = 0$	67.954	9.488	7.779
H_{03}：方向距离函数为 CD 形式	24.548	7.815	6.251
H_{04}：方向距离函数为 CD 形式且 $\mu = 0$	23.92	9.488	7.779
$H_{05}:\mu = 0$	0.344	3.841	2.706

注：γ_1、γ_2、γ_3 和 γ_4 分别是产业结构、外商直接投资、能源价格和政策虚拟变量的系数。

5.3.2 稳健性分析

前文利用 SFA 方法对模型进行估计，需要对模型的函数形式及无效率项和随机误差项的分布做特定的假设。为了检验模型结论的稳健性，本节采用 DEA 的两阶段分析方法对我们的研究假说进行检验：第一阶段用 DEA 方法估计各地区的能源效率，第二阶段利用 Tobit 模型对能源效率影响因素进行回归。

利用线性规划①，我们分别求得常规模回报（CRS）和可变规模回报

---

① 具体的线性规划问题形式请参阅 Zhou 等（2012a）。

（VRS）技术下的能源效率。图5.3为能源效率与要素市场扭曲的散点图。由图5.3可以看出，无论是CRS还是VRS技术下的能源效率，都与要素市场发育程度呈明显的负相关关系。

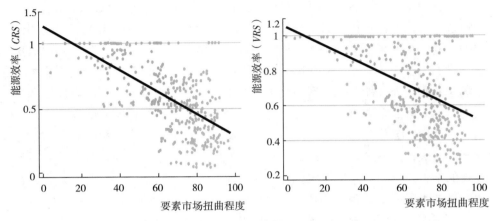

图5.3　能源效率与要素市场扭曲程度

表5.3给出了稳健性分析的回归结果。模型7和模型8采用常规模回报技术下的能源效率作为因变量，模型9和模型10采用可变规模回报技术下的能源效率作为因变量。模型8和模型10分别在模型7和模型9的基础上加入了省份虚拟变量以控制个体不可观察异质性或尚未纳入模型检验的影响因素。从回归结果来看，模型7和模型9中，要素市场扭曲的回归系数都为负，而且至少在10%的水平下显著；在加入省份虚拟变量后，其系数的绝对值虽然有所下降，但仍在1%水平下显著为正。因此，本书的稳健性检验进一步支持了前文的结论：要素市场扭曲抑制了我国能源效率的提升。此外，观察其他变量的回归结果，我们可以发现，除模型7外，第三产业比重与能源效率呈显著的正向关系，而其他变量在不同模型并没有得到一致的结论。

表5.3　稳健性检验结果

变量	能源效率（CRS）		能源效率（VRS）	
	模型7	模型8	模型9	模型10
FAC	-0.0081^{***}	-0.0022^{***}	-0.0027^{*}	-0.0022^{***}
	(0.0009)	(0.0005)	(0.0012)	(0.0006)
INDUSTRY	-0.0006	0.0050^{**}	0.0085^{***}	0.0070^{**}
	(0.0016)	(0.0018)	(0.0023)	(0.0023)

变量	能源效率（CRS）		能源效率（VRS）	
	模型 7	模型 8	模型 9	模型 10
FDI	0.1940 ***	- 0.0637	0.2400 ***	- 0.1510 **
	(0.0579)	(0.0371)	(0.0663)	(0.0469)
PRICE	- 0.0039 ***	- 0.0004	- 0.0012	0.0001
	(0.0007)	(0.0004)	(0.0009)	(0.0006)
POLICY	0.0532	0.00488	0.0165	- 0.0138
	(0.0364)	(0.0167)	(0.0478)	(0.0270)
常数项	1.5110 ***	0.6460 ***	0.6400 ***	0.6080 ***
	(0.1510)	(0.1070)	(0.1830)	(0.1440)
个体效应	—	已控制	—	已控制
对数似然值	37.0217	340.8074	- 84.4350	202.0788

注：括号内是稳健标准差，***、**、*分别表示在1%、5%和10%的水平下显著。

5.4　要素市场扭曲的能源损失

通过面板数据的固定效应 SFA 模型和 DEA 的两阶段分析方法，我们验证了我国目前存在的要素市场扭曲是能源无效率的重要原因，抑制了我国能源效率的提高。本节尝试对要素市场扭曲的能源损失进行测算。

我们主要采用反事实计量[①]的方法，基本思路如下：首先，根据模型设定检验结果，选择模型3作为基准模型，将利用模型估计得到的参数值及各变量值代入式（5.6），获得实际情况下的各地各年份能源效率值 EEI_{it}^0，全国实际能源效率 $EEI_t^0 = \sum (EEI_{it}^0 \times E_{it}) / \sum E_{it}$。其次，在其他条件不变的情况下，我们假定所有地区各年份的要素市场发育程度都为可以达到的最高水平，要素市场不存在相对扭曲，即要素市场扭曲变量的值为零；将假想的要素市场扭曲变量和其他影响变量及模型参数代入式（5.6），计算不存在要素市场扭曲情形下的各地区能源效率值 EEI'_{it} 及全国能源效率 EEI'_t。简单起见，我们称之

　　[①]　反事实计量被广泛应用于对历史事件影响的定量分析。例如，Fogel（1962）将其应用于19世纪后期铁路对美国经济的影响研究，黄少安等（2009）通过反事实计量方法研究了中国土地产权制度对农业经济的影响，孙圣民（2009）也通过相同的方法测算了我国计划经济时代以农业支持重工业发展而调度失误产生的经济损失。

为反事实能源效率。最后，用反事实能源效率减去实际能源效率，便可获得要素市场扭曲导致的能源效率损失；相应地，要素市场扭曲的能源损失量可以由 $(EEI'_t - EEI^p_t)E_t$ 计算得到。

由图 5.4 可知，我国实际能源效率从 1997 年的 0.67 缓慢上升到 2009 年的 0.83，而假定不存在要素市场扭曲的反事实能源效率则从 1997 年的 0.78 上升到 2009 年的 0.87，反事实能源效率始终高于实际能源效率，但随着我国各个地区要素市场的逐步完善，两者之间的差距逐步缩小。图 5.4 说明，消除要素市场的扭曲可以促进能源效率的明显提升。[1]

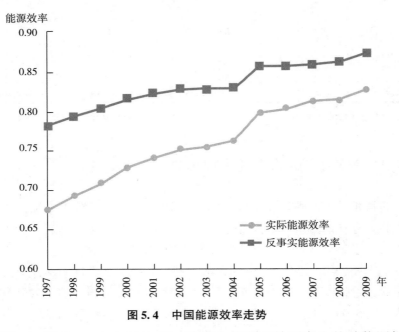

图 5.4　中国能源效率走势

如图 5.5 所示，1997—2009 年，我国由能源无效所产生的总能源损失为 4.5 亿 ~6.2 亿吨标准煤，而要素市场扭曲导致的能源损失量为 1.2 亿 ~1.6 亿吨标准煤（年均损失量为 1.45 亿吨标准煤）。虽然总体上我国的能源效率是上升的，但由于能源投入总量不断增加，能源损失总量和要素市场扭曲导致的损失量并没有出现下降的趋势。随着我国能源需求的不断增加，这势必将影响到我国能源的供给平衡。完善要素市场可以显著降低我国的能源损失量，缓解能源约束，有助于经济的可持续发展。由图 5.6 可知，要素市场扭曲导致的

---

[1]　消除要素市场扭曲可以使 1997—2009 年的能源效率年均提升 10%。

能源损失占总能源损失的比重大部分年份在25%以上；随着我国要素市场的不断完善，这一比重总体上有缓慢下降的趋势，从1997年的32.7%下降到2009年的26.0%。因此，就目前而言，完善要素市场可以显著地提高能源使用效率和减少能源浪费。

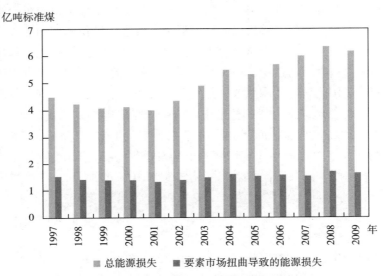

图5.5 总能源损失与要素市场扭曲导致的能源损失

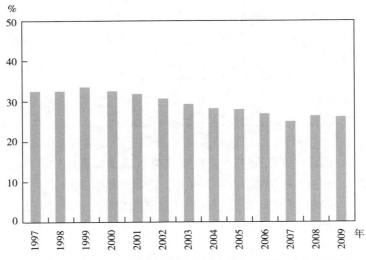

图5.6 各年份要素市场扭曲导致的能源损失占能源总损失的比重

5.5　结语

基于我国要素市场市场化进程滞后于产品市场市场化进程，而且地区要素市场发育程度差异较大这一典型事实，本章首先就要素市场扭曲对能源效率的影响机理进行简要分析，并提出了研究假说：要素市场扭曲抑制了我国能源效率的提升；然后，分别利用 Wang 和 Ho（2010）的固定效应 SFA 模型与 DEA 两阶段分析方法对假说进行了检验和稳健性分析；最后，利用反事实计量的方法对要素市场扭曲导致的能源效率损失和能源损失量进行了测算。我们得到了以下几个主要研究结论：（1）要素市场扭曲确实阻碍了我国能源效率的提升；（2）在要素市场扭曲的情形下，我国能源效率从 1997 年的 0.67 缓慢上升到 2009 年的 0.83；如果将各个地区要素市场发育程度提升到上海市 2007 年的要素市场发育水平，则我国能源效率年均将实现 10% 的上升；（3）我国要素市场扭曲导致的能源年损失量为 1.2 亿 ~1.6 亿吨标准煤，占能源总损失的 24.9% ~33.1%。由此可见，由于要素市场的不完善，我们为此付出了巨大的能源代价。

本章试图从另一个角度引起人们关于我国节能政策的思考：相较于"十一五"期间以行政手段为主的节能措施，进一步推动要素市场市场化，使市场配置资源的作用得到充分的发挥，才是标本兼治的方法。特别是在"十二五"期间政府关闭落后产能等行政措施的操作空间将大大减小的情况下，只有进一步完善要素市场，系统性地考虑能源效率问题，才能有效地激发节能潜力，实现节能目标。

具体而言，在政策层面上，应采取以下举措：首先，推动要素价格改革，构建合理的要素价格体系，使要素价格成为市场配置资源的信号[①]；其次，在初始资源的分配上，采用更加公开透明的招投标方式，加强监督管理，减少寻租的发生，使要素能够按照市场的规律优先配置给效率较高的生产者；最后，推动地区要素市场一体化，使要素能够充分地流动，促进地区间的分工。总之，要素市场在生产中占据基础性的地位，进一步推动我国要素市场的市场化进程，发挥市场对资源的配置作用，对建设节约型社会和我国经济的可持续发展具有重大的现实意义。

[①]　由于能源的开采利用具有外部性，合理的能源要素价格体系不但要求政府减少对能源价格的管制和干预，而且需要开征一定的资源税来解决能源的外部性问题（林伯强和何晓萍，2008；林伯强等，2012）。

当然，本章对要素市场扭曲的能源效应的研究还仅限于经验分析，没有对要素市场扭曲对能源的作用机制进行更深入的分析是本章的主要不足之处。如何在动态一般均衡的框架下，构建一个要素市场扭曲的能源效应理论模型，对要素市场扭曲的能源作用机理进行分析，仍是一项非常值得探索的工作。

6   能源效率、经济增长与能源反弹效应

6.1   引言

   提高能源效率被普遍认为是应对能源挑战和压缩环境污染问题成本最有效的方法（Ang 等，2010）。因此，在实践中，为了控制或者减缓中国能源消费的增长，中国政府重点采取了多种政策措施来推动能源效率的提升。例如，在"十一五"规划中，中国政府设定了能源强度在 2005 年的水平上降低 20% 左右的目标，并且出台了一系列措施来确保这一目标的实现。但是，由于能源反弹效应的存在，这种以能源效率提升为手段的节能政策在实际效用上可能会低于预期。

   能源反弹效应意味着由于经济主体会对能源效率的提升作出反应，能源效率提升的预期节能作用无法实现（Wang 等，2012a）。反弹效应的思想最早可以追溯到 Jeavons（1865）的研究。在过去的几十年间，反弹效应逐渐成为能源经济学的研究热点。这一领域已经涌现了大量优秀的研究。这个方面的代表性文献包括 Van Es 等（1998）、Schipper 和 Grubb（2000）、Grepperud 和 Rasmussen（2004）、Barker 等（2007）、Brännlund 等（2007）、Guerra 和 Sancho（2010）、Wei（2010）、Wang 等（2012a）、Ghosh 和 Blackhurst（2014）等。Greening 等（2000）、Dimitropoulos（2007）、Sorrell 和 Dimitropoulos（2008）、Sorrell 等（2009）、Madlener 和 Alcott（2009）也对反弹效应的相关研究做了系统的文献综述。根据 Greening 等（2000），能源反弹效应的概念主要可以划分为三种：直接反弹效应、间接反弹效应和宏观反弹效应。宏观反弹效应主要刻画整个经济在总量上对能源效率提升所产生的反应，其机制是能源效率的提升会推动经济增长进而增加能源消费，最终会部分（甚至完全）抵消能源效率提升的节能量。

   中国经济究竟产生了多大的宏观能源反弹效应？许多学者对这一问题展开了研究。从方法论来看，现有研究可以划分为两类：可计算一般均衡（CGE）

模型和经济核算方法①。在可计算一般均衡模型方面，查冬兰和周德群（2010）基于中国 2002 年的投入产出表数据构建了 CGE 模型，对中国宏观能源反弹效应进行分析。他们发现，能源效率上升 4%，会产生 33% 的能源反弹效应。李元龙和陆文聪（2011）也构建了一个 CGE 模型，模拟能源消费量对能源效率提升的反应。他们基于中国 2007 年投入产出表的数据，研究发现，能源效率上升 5%，在长期会导致 178. 61% 的能源反弹。CGE 模型是系统建模的方法，它明确刻画了经济主体对能源效率提升的行为反应。在这个意义上，CGE 模型的一个重要优点是具有良好的微观经济学基础。但是，CGE 模型需要建立在一系列严格假设之上，例如生产函数和效用函数形式及经济环境的设定等。Saunders（2008）对不同函数形式设定进行比较分析，发现特定函数设定不可避免地带来一些先定（pre – determined）的结论。基于 CGE 模型进行反弹效应研究的另外一个缺点是需要对能源效率的提升进行人为的设定（Shao 等，2014）。在这种情况下，基于 CGE 模型测算的能源反弹效应不但带有主观性，而且很有可能偏离其真实值。

与 CGE 模型相比，经济核算方法直接针对能源反弹效应进行测算。由于其假设条件宽松并具有容易使用的优点，经济核算方法在近年来的研究中被广为使用。能源反弹效应的经济核算方法最早由周勇和林源源（2007）提出。他们的估计基于技术进步、经济增长、能源强度和能源消费等变量之间的逻辑关系。具体而言，他们首先利用能源强度变化测算了能源提升的预期节能量；其次，利用索罗余值法测度技术进步对经济增长的贡献，在此基础上测算技术进步推动经济增长引致的能源消费增加量。考虑到产业结构变化也会影响到能源强度变化，王群伟和周德群（2008）基于 LMDI 分解模型提出了一个改进的方法，以消除产业结构变化的影响。考虑到索罗余值法的缺陷，Lin 和 Liu（2012）提出用 DEA 的方法来估计技术进步。Shao 等（2014）对周勇和林源源（2007）的方法进行了修改，并为其提供了理论基础。为了克服索罗余值法和 DEA 方法的缺陷，他们提出利用潜在变量来刻画技术进步，并且使用状态空间模型进行估计。

在先前研究的贡献之下，宏观能源反弹效应的经济核算框架已经得到了很好的发展，但是仍存在一些问题。现有研究都是测算技术进步带动经济增长所引致的能源消费增加量，而不是估计能源效率提升所带来的反弹量。这暗含着将技术进步等同于能源效率提升的假设。但事实上，能源效率提升只是技术进步的一

---

① 经济核算方法也称为计量经济学模型。

个元素。此外，技术进步并不一定有利于节能。因此，基于技术进步的反弹效应估计在概念上与反弹效应的内涵不一致，估计结果也很有可能是有偏的。

针对这一问题，本章对经济核算框架进行了修正。我们利用指数分解法（IDA）构建能源效率指数，进而可以估计能源效率提升引致的能源消费增加量。利用修正后的方法，本章对中国 1981—2011 年的宏观反弹效应进行了重新测算。

6.2 研究方法

6.2.1 能源反弹效应的界定

根据 Brookes（1984）和 Sorrell 等（2009），宏观能源反弹效应源自能源效率上升的经济增长效应。能源消费是由对商品（服务）的需求所引致的。当能源效率上升时，实际能源服务价格下降，进而降低了商品（服务）的生产成本。在市场竞争下，生产成本下降会使商品（服务）价格下降，进而促进总需求增加，从而推动经济增长。经济增长又带动了能源消费的增加，进而部分抵消了能源效率上升的节能量。图 6.1 描绘了宏观能源反弹效应的作用机制。其中，P、E 和 Q 分别表示价格、能源和产出；

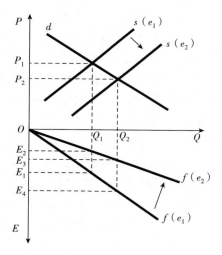

图 6.1　宏观能源反弹效应

直线 d 和 s 分别表示需求曲线和供给曲线；直线 f 表示能源与产出之间的关系，或者称为能源生产函数；e 表示能源效率。假设能源效率从 e_1 上升到 e_2，能源生产率提高使直线 f 斜率的绝对值减小，相同的产出 Q_1 所需要的能源投入量从 E_1 减少到 E_2，$E_1 - E_2$ 即能源效率提升的理论节能量。由于能源效率的提升会使生产成本下降，供给曲线向右移动，需求和供给在更高的产出 Q_2 达到平衡，而生产出 Q_2 的商品需要投入 E_3 的能源。E_3 大于 E_2，说明能源效率产生了反弹效应，抵消了部分节能量。$E_3 - E_2$ 便是产出效应导致增加的能源消费量。

在实证研究中，宏观能源反弹效应通常被定义为

$$RE = \frac{AE}{OE} \times 100\% \tag{6.1}$$

其中，AE 表示由能源效率的增长效应引致的能源消费增加量（图 6.1 中的 $E_3 - E_2$），OE 表示能源效率上升的理论节能量（图 6.1 中的 $E_1 - E_2$）。由此可见，估计宏观能源反弹效应的关键在于估计 AE 和 OE。宏观层面上的能源效率不可观察，并且能源效率的产出效应也未知，这给宏观能源反弹效应的估计带来不小的难度。利用可观察的产出和能源等数据，我们尝试提出一个新的方法对中国的宏观能源反弹效应进行测算。具体思路如下：我们利用指数分解法将中国能源消费变动分解为三个因素的影响，即增长效应、强度效应和产业结构变化。强度效应反映了能源效率变化所带来的能源消费变动，因此可以直接利用强度效应估算理论节能量（OE）。基于强度效应，我们进一步构建了能源效率指数。利用经济增长的核算方法，我们测算了能源效率变动对经济增长的贡献，进而获得由能源效率的增长效应引致的能源消费增加量（AE）。

6.2.2 基于 IDA 的能源消费变动分解

IDA 是分析一个国家（地区）能源消费变化的强有力的工具。它不但在学术研究中被广泛应用，而且被许多国家的统计机构和国际组织使用（Liu 和 Ang，2007）。本章利用 IDA 对我国能源消费增长进行分解，以测度经济增长和能源效率上升对中国能源消费的影响。与已有文献不同，本章采用 Xu 和 Ang（2014）提出的多层次等级（Multilevel – hierarchical，M – H）IDA 模型。正如 Xu 和 Ang（2014）所指出的，基于单层次 IDA 模型的研究可能会受到部门细分程度的影响，进而产生不一致的结论。为了解决这一问题，Xu 和 Ang（2014）提出了两种多层次 IDA 模型：多层次平行（Multilevel – parallel，M – P）IDA 模型和多层次等级（M – H）IDA 模型。与 M – P IDA 模型相比，M – H IDA 模型能够适用于不对称等级的产业部门结构。这一特点有利于更充分地利用现有数据。图 6.2 描绘了 M – H IDA 模型的主要思路。

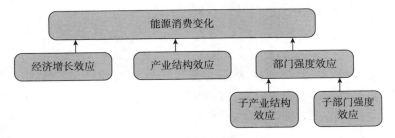

图 6.2　M – H IDA 模型分解结构

（资料来源：Xu 和 Ang（2014））

为了简化描述，我们先考虑一个两层分解的例子。假设整个经济可以划分为 n 个大部门（第一层次部门分解），第一层次的部门 j 可以进一步划分为 m_j 个子部门（第二层次部门分解）。为了描述方便性，我们做如下符号定义：

E^0：整个经济的总能源消费量；

E_j^1：部门 j（第一次层次部门）的能源消费量；

E_{ji}^2：部门 j 的子部门 i（第二层次部门）的能源消费量；

Y^0：整个经济的总产出；

Y_j^1：部门 j（第一次层次部门）的总产出；

Y_{ji}^2：部门 j 的子部门 i（第二层次部门）的产出。

基于以上符号定义，我们可以得到以下等式：

$$E^0 = \sum_{j=1}^{n} E_j^1 = \sum_{j=1}^{n} \frac{E_j^1}{Y_j^1} \frac{Y_j^1}{Y^0} Y^0 = \sum_{j=1}^{n} I_j^1 S_j^1 Y^0 \tag{6.2}$$

$$I_j^1 = \frac{E_j^1}{Y_j^1} = \sum_{i=1}^{m_j} \frac{E_{ji}^2}{Y_{ji}^2} \frac{Y_{ji}^2}{Y_j^1} = \sum_{i=1}^{m_j} I_{ji}^2 S_{ji}^2 \tag{6.3}$$

利用 LMDI 乘法形式的分解方法，我们可以将从时期 t 到时期 τ 的整个经济能源消费变化分解为如下形式：

$$
\begin{aligned}
D_{tot}^0 \mid_{t,\tau} = \frac{E_\tau}{E_t} &= \exp\Big[\sum_{j=1}^{n} \frac{L(E_{j,\tau}^1, E_{j,t}^1)}{L(E_\tau^0, E_t^0)} \ln\Big(\frac{I_{j,\tau}^1}{I_{j,t}^1}\Big) \Big] \\
&\times \exp\Big[\sum_{j=1}^{n} \frac{L(E_{j,\tau}^1, E_{j,t}^1)}{L(E_\tau^0, E_t^0)} \ln\Big(\frac{S_{j,\tau}^1}{S_{j,t}^1}\Big) \Big] \\
&\times \exp\Big[\sum_{j=1}^{n} \frac{L(E_{j,\tau}^1, E_{j,t}^1)}{L(E_\tau^0, E_t^0)} \ln\Big(\frac{Y_\tau^0}{Y_t^0}\Big) \Big] \\
&= D_{int}^1 \mid_{t,\tau} \times D_{str}^1 \mid_{t,\tau} \times D_Y^0 \mid_{t,\tau}
\end{aligned}
\tag{6.4}
$$

其中，$L(\cdot, \cdot)$ 是权重函数，具体形式如下：

$$L(x,y) = \begin{cases} (x-y)/(\ln x - \ln y), & x \neq y \\ x, & x = y \end{cases} \tag{6.5}$$

式（6.4）将整个经济能源消费变化分解成三个因素。其中，第一项（$D_{int}^1 \mid_{t,\tau}$）是部门能源强度效应，刻画了第一层次部门能源强度变化所引起的能源消费变化；第二项是产业结构效应，测度了第一层次部门产出结构变化对能源消费变化的影响；第三项是经济增长效应，反映了产出增长引致的能源年消费增加量。

同理，部门 j 能源强度变化可以分解为如下形式：

$$\frac{I_{j,\tau}^1}{I_{j,t}^1} = \exp\Big[\sum_{i=1}^{m_j} \frac{L(I_{ji,\tau}^2 S_{ji,\tau}^2, I_{ji,t}^2 S_{ji,t}^2)}{L(I_{j,\tau}^1, I_{j,t}^1)}\ln\Big(\frac{I_{ji,\tau}^2}{I_{ji,t}^2}\Big)\Big]$$

$$\times \exp\Big[\sum_{i=1}^{m_j} \frac{L(I_{ji,\tau}^2 S_{ji,\tau}^2, I_{ji,t}^2 S_{ji,t}^2)}{L(I_{j,\tau}^1, I_{j,t}^1)}\ln\Big(\frac{S_{ji,\tau}^2}{S_{ji,t}^2}\Big)\Big]$$

$$= D_{j,int}^2\,|_{t,\tau} \times D_{j,str}^2\,|_{t,\tau} \tag{6.6}$$

将式（6.6）代入 $D_{int}^1\,|_{t,\tau}$，得到式（6.7）：

$$D_{int}^1\,|_{t,\tau} = \exp\Big[\sum_{j=1}^{n}\Big(\sum_{i=1}^{m_j} \frac{L(I_{ji,\tau}^2 S_{ji,\tau}^2, I_{ji,t}^2 S_{ji,t}^2)}{L(I_{j,\tau}^1, I_{j,t}^1)}\ln\Big(\frac{I_{ji,\tau}^2}{I_{ji,t}^2}\Big)\Big)\Big]$$

$$\times \exp\Big[\sum_{j=1}^{n}\Big(\sum_{i=1}^{m_j} \frac{L(I_{ji,\tau}^2 S_{ji,\tau}^2, I_{ji,t}^2 S_{ji,t}^2)}{L(I_{j,\tau}^1, I_{j,t}^1)}\ln\Big(\frac{S_{ji,\tau}^2}{S_{ji,t}^2}\Big)\Big)\Big]$$

$$= D_{int}^2\,|_{t,\tau} \times D_{str}^2\,|_{t,\tau} \tag{6.7}$$

我们很容易将以上两层分解推广到 k 层分解：

$$\left.\begin{array}{l} D_{tot}^0\,|_{t,\tau} = D_{int}^1\,|_{t,\tau} \times D_{str}^1\,|_{t,\tau} \times D_Y^0\,|_{t,\tau} \\[2mm] D_{int}^1\,|_{t,\tau} = D_{int}^2\,|_{t,\tau} \times D_{str}^2\,|_{t,\tau} \\[1mm] \quad\quad\quad\vdots \\[1mm] D_{int}^{k-1}\,|_{t,\tau} = D_{int}^k\,|_{t,\tau} \times D_{str}^k\,|_{t,\tau} \end{array}\right\}$$

$$\Rightarrow D_{tot}^0\,|_{t,\tau} = D_{int}^k\,|_{t,\tau} \times D_{str}^1\,|_{t,\tau} \times D_{str}^2\,|_{t,\tau} \times \cdots \times D_{str}^k\,|_{t,\tau} \times D_Y^0\,|_{t,\tau} \tag{6.8}$$

式（6.8）说明，整个经济层面上的能源消费变化可以归结为以下几个因素：第 k 层次的子部门能源强度变化 $D_{int}^k\,|_{t,\tau}$（简称强度效应）、每一个层次上的能源结构变化（$D_{str}^1\,|_{t,\tau}, \cdots, D_{str}^k\,|_{t,\tau}$）、经济增长效应（$D_Y^0\,|_{t,\tau}$）。Xu 和 Ang（2014）认为，更加细分的部门能源强度效应更能反映能源效率变化。与 $D_{int}^1\,|_{t,\tau}$ 相比，$D_{int}^k\,|_{t,\tau}$ 是测度能源效率变化的更好的代理变量。

在式（6.8）的分解中，如果分解项的值大于（小于）1，则该因素会导致能源消费的增加（减少）。$D_{int}^k\,|_{t,\tau}$ 的经济含义可用以下例子进行解释：假设 $D_{int}^k\,|_{t,\tau} = 0.8$，其含义是在其他因素不变的情况下，时期 τ 的能源消费量将是时期 t 能源消费量的 80%，这意味着能源效率的提升能够节约 20% 的能源。因此，$(1 - D_{int}\,|_{t,\tau}) \times E_t$ 可以作为能源效率提高的理论节能量 OE 的估计值。同理，$D_{int}^k\,|_{t,\tau}$ 的经济含义可用以下例子进行解释：假设 $D_Y\,|_{t,\tau} = 1.1$，其含义是在其他因素保持固定的情况下，时期 τ 的能源消费量将是时期 t 能源消费量的 110%，即时期 τ 经济规模的扩张会导致能源消费上升 10%。因此，经济增长推动的能源消费增加量可由 $(D_Y\,|_{t,\tau} - 1) \times E_t$ 计算得到。事实上，能源效率提升只是经济增长的一个贡献因素。换言之，我们观察到的经济增长并不完全是

由能源效率提升带动的，还存在其他一些因素的贡献（如资本投入的增加等因素）。$(D_Y|_{t,\tau}-1)\times E_t$ 并不能直接作为式（6.1）中分子 AE 的估计值。我们需要将能源效率上升所导致的能源消费剥离出来。为了实现这一目标，我们在下一节采用经济核算的方法。

6.2.3　估计能源效率的增长效应

能源已经被广泛视为与劳动和资本一样重要的生产要素。许多研究考察了能源对生产活动所起的作用。例如，Tintner 等（1977）在 CES 生产函数中引进了能源，并将其应用于 1955—1972 年的澳大利亚经济分析。Kümmel 等（1985）提出了另外一种能源依赖型的生产函数，对联邦德国和美国的工业产出增长进行拟合。从物理学角度来看，能源先转化成"物理功"后才服务于生产活动。能源投入对生产活动的作用还受到其热力学转换效率①的影响。从这个角度而言，能源的热力学转换效率同样对产出的增长有贡献。直接将物质能源放入生产函数会忽略其热力学转换效率的影响。有鉴于此，Ayres 和 Warr（2005）将生产函数中的物质能源替换为"物理功"。他们发现，修改后的生产函数能够很好地解释美国经济的增长。在 Ayres 和 Warr（2005）的研究中，"物理功"被定义为物质能源投入与热力学转换效率的乘积。

Ayres 和 Warr（2005）同时也指出，热力学转换效率是与经济效率无关的。在实际生产活动中，并不是每一单位的"物理功"对生产活动都是有效的。例如，由于管理上的无效，一台机器可能被开着空转而没有生产任何产品。考虑到这种因素，我们对 Ayres 和 Warr（2005）的想法进行扩展，在考虑热力学转换效率的同时进一步考虑管理等经济方面的效率因素，以"有效能源服务"替代"物理功"作为生产要素。这一扩展有助于我们估算能源效率提升对经济增长的贡献。"有效能源服务"是能源效率与物质能源投入的乘积。这里的能源效率是相对广义的概念，既包含物理学上的转换效率，也包括经济上的利用效率。在数学形式上，我们将"有效能源服务"（用符号 U 表示）定义为

$$U_t = \theta_t E_t \tag{6.9}$$

其中，θ_t 表示能源效率。一般而言，一个三要素的生产函数可以表示为

$$Y_t = f(K_t, L_t, U_t) + \varepsilon_t \tag{6.10}$$

---

① 在物理学上，热力学转换效率通常定义为初始能源消费量与其产生的"物理功"之比（Ayres 和 Warr，2005）。

其中，K 和 L 分别表示资本和劳动；ε_t 是随机扰动项，表示除资本、劳动和能源服务外的其他生产影响因素。对式（6.10）两边求导，得到式（6.11）：

$$\dot{Y}_t = \frac{\partial Y_t}{\partial K_t}\dot{K}_t + \frac{\partial Y_t}{\partial L_t}\dot{L}_t + \frac{\partial Y_t}{\partial U_t}\dot{U}_t + \frac{\partial Y_t}{\partial \varepsilon_t}\dot{\varepsilon}_t \qquad (6.11)$$

其中，$\dot{X}_t$ 表示 dX_t/dt。式（6.11）两边除以 Y_t，得到

$$\frac{\dot{Y}_t}{Y_t} = \frac{K_t}{Y_t}\frac{\partial Y_t}{\partial K_t}\frac{\dot{K}_t}{K_t} + \frac{L_t}{Y_t}\frac{\partial Y_t}{\partial L_t}\frac{\dot{L}_t}{L_t} + \frac{U_t}{Y_t}\frac{\partial Y_t}{\partial U_t}\frac{\dot{U}_t}{U_t} + \frac{\partial Y_t}{\partial \varepsilon_t}\frac{\dot{\varepsilon}_t}{Y_t}$$

$$= \eta_K(t)\frac{\dot{K}_t}{K_t} + \eta_L(t)\frac{\dot{L}_t}{L_t} + \eta_U(t)\frac{\dot{U}_t}{U_t} + \xi_t$$

$$= \eta_K(t)\frac{\dot{K}_t}{K_t} + \eta_L(t)\frac{\dot{L}_t}{L_t} + \eta_U(t)\left(\frac{\dot{\theta}_t}{\theta_t} + \frac{\dot{E}_t}{E_t}\right) + \xi_t \qquad (6.12)$$

其中，$\eta_K(t)$、$\eta_L(t)$ 和 $\eta_U(t)$ 分别代表资本、劳动和能源服务的产出弹性。通过以下公式，我们便可计算资本、劳动、能源以及能源效率对经济增长的贡献：

$$\alpha_K(t) = \frac{\eta_K(t)\dot{K}_t/K_t}{\dot{Y}_t/Y_t} \qquad (6.13)$$

$$\alpha_L(t) = \frac{\eta_L(t)\dot{L}_t/L_t}{\dot{Y}_t/Y_t} \qquad (6.14)$$

$$\alpha_E(t) = \frac{\eta_U(t)\dot{E}_t/E_t}{\dot{Y}_t/Y_t} \qquad (6.15)$$

$$\alpha_\theta(t) = \frac{\eta_U(t)\dot{\theta}_t/\theta_t}{\dot{Y}_t/Y_t} \qquad (6.16)$$

在对以上公式进行估计前，我们需要对生产函数的形式进行设定。在生产函数设定方面，主要有两种函数形式：柯布—道格拉斯生产函数和超越对数生产函数。柯布—道格拉斯生产函数隐含了一些严格的假定，例如投入要素之间的完全替代性。相比之下，超越对数生产函数是一种较为灵活的形式，可以作为任何位置函数的二阶近似，进而可以降低模型误设的风险（Coelli 等，2005；Lin 和 Du，2013）。因此，本书将生产函数设为超越对数形式。

$$\ln Y_t = \alpha_0 + \alpha_K \ln K_t + \alpha_L \ln L_t + \alpha_L \ln U_t + \alpha_{KL}[\ln K_t \times \ln L_t]$$

$$+ \alpha_{KU}[\ln K_t \times \ln U_t] + \alpha_{LU}[\ln L_t \times \ln U_t] + \alpha_{KK}[\ln K_t]^2$$
$$+ \alpha_{LL}[\ln L_t]^2 + \alpha_{UU}[\ln U_t]^2 + \varepsilon_t \qquad (6.17)$$

在估计了式（6.17）的系数值后，我们便可计算能源效率对产出增长的贡献。结合上一节的结果，我们可进一步估算能源效应通过经济增长效应引致的能源消费增加量：

$$AE = \alpha_\theta(t) \times (D_{Y|t-1,t} - 1) \qquad (6.18)$$

宏观能源反弹效应可以通过式（6.19）进行估计：

$$RE_t = \frac{\alpha_\theta(t)(D_Y^0|_{t-1,t} - 1)}{1 - D_{int}^k|_{t-1,t}} \times 100\% \qquad (6.19)$$

6.3 实证分析

6.3.1 数据

利用上文所提出的方法，我们尝试对中国宏观能源反弹效应进行估计。研究样本区间为1980—2011年。为了利用 M－H IDA 模型对中国能源消费变动进行分解，考虑到数据的可获得性，整个经济结构划分如下：第一层次为三大产业部门，即第一产业、第二产业和第三产业。在第二层次中，第二产业进一步划分为工业（S1）和建筑业（S2），第三产业进一步划分为交通运输、仓储和邮政业（T1），批发、零售业和住宿、餐饮业（T2），金融服务、房地产与其他第三产业（T3）。在第三层次中，工业又进一步划分为采矿业（S11），制造业（S12），电力、煤气及水的生产和供应业（S13）。图6.3描绘了整个经济部门的分解结构。各个变量的数据来源说明如下：各个部门增加值的数据来自《中国统计年鉴》和陈诗一（2011）。各个部门能源消费量数据来自《中国统计年鉴》《中国能源统计年鉴》和陈诗一（2011）。劳动数据来自 CEIC 数据库。1980—2006年的资本存量数据来自单豪杰（2008）的估计。我们按照单豪杰（2008）的方法，将数据更新到2011年。增加值和资本存量最后转换为1990年不变价格水平。

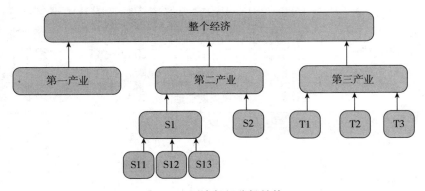

图 6.3　经济部门分解结构

在上一节中估计能源效率对产出增长的贡献时，除劳动、资本、能源和总产出等数据外，还需要能源效率的数据。一般而言，宏观层面上的能源效率是观察不到的，为此，许多学者提出了多种方法对能源效率进行测算。Ang 等（2010）提倡利用 IDA 模型对宏观层面上的能源效率变化进行追踪。参考 Ang 等（2010），我们利用上一节的 IDA 模型分解结果构建能源效率指数。除了上一节提供的例子，我们可以从另一个角度对 $D_{int}^{k}\mid_{t,\tau}$ 进行解释。当能源效率上升时，能源生产率会相应提高。因此，在时期 τ，单位能源所起的作用相当于时期 t 的 $1/D_{int}^{k}\mid_{t,\tau}$ 倍。根据 Ang 等（2010），我们可以构建如下能源效率指数（EEI）：

$$EEI_0 = 1$$
$$EEI_t = EEI_{t-1} \times (1/D_{int}^{k}\mid_{t-1,t})$$

(6.20)

能源效率指数（EEI）反映了能源效率的变化趋势。因此，我们将能源效率指数（EEI）作为能源效率的代理变量。

6.3.2　实证结果及讨论

表 6.1 报告了我们应用 M – H IDA 模型对中国能源消费变动的分解结果。由表 6.1 可知，1980—2011 年中国能源消费年均增长 5.8%，2011 年的能源消费量与 1980 年相比增长了 4.7 倍。经济增长是我国能源消费增长的主要驱动力。在其他因素保持不变的情况下，经济增长将推动能源消费增长 20.1 倍，相当于年均增长 10.3%。与此相反，在大部分年份，部门能源强度效应对能源消费的增长起到了抑制作用。平均而言，部门能源强度效应促使能源消费年均下降 4.6%，累计下降 77.2%。与经济增长效应和部门能源强度效应相比，产出结构变动对能源消费的影响十分微小。基于表 6.1 的结果，我们按照

式（6.20）构建了我国 1980—2011 年的能源效率指数，图 6.4 报告了相关的计算结果。由图 6.4 可知，中国能源效率在 20 世纪 80 年代保持稳步增长，进入 90 年代以后，呈现加速增长的趋势，此后，在 2002—2004 年出现了下降①，2004 年之后恢复上升。

表 6.1　中国能源消费变动的分解结果

年份	D_{tot}	D_Y	D_{str}^1	D_{str}^2	D_{str}^3	D_{int}^3
1980—1981	0.9863	1.0472	0.9864	0.9893	0.9999	0.9652
1981—1982	1.0441	1.0856	0.9837	1.0112	0.9999	0.967
1982—1983	1.064	1.1069	1.004	0.9942	0.9999	0.9631
1983—1984	1.0737	1.1499	1.0022	0.9995	1.0003	0.9319
1984—1985	1.0815	1.1389	1.0394	0.9891	0.9991	0.9245
1985—1986	1.0544	1.0891	1.0141	0.9996	0.9993	0.9558
1986—1987	1.0715	1.1174	1.0175	0.9989	0.9994	0.9439
1987—1988	1.0735	1.116	1.0231	1.0047	0.9995	0.9363
1988—1989	1.0423	1.0399	1	1.0196	1.0018	0.9814
1989—1990	1.0183	1.0381	0.9931	1.0049	1.001	0.982
1990—1991	1.0514	1.0899	1.024	1.0048	0.9974	0.9401
1991—1992	1.0519	1.2378	1.053	1.0050	1.0023	0.8012
1992—1993	1.0625	1.1354	1.025	1.0025	0.9855	0.924
1993—1994	1.0582	1.127	1.022	1.0041	0.9952	0.9193
1994—1995	1.0688	1.107	1.0129	1.0014	1.014	0.9387
1995—1996	1.0306	1.0983	1.0093	1.0026	0.9913	0.9354
1996—1997	1.0053	1.0908	1.0065	1.0052	0.9963	0.9143
1997—1998	1.002	1.0768	1.0052	1.0006	1.0044	0.921
1998—1999	1.0322	1.0745	1.0036	1.0027	0.9974	0.9572
1999—2000	1.0353	1.0823	1.0052	1.0016	0.9894	0.9602
2000—2001	1.0335	1.0826	1.0028	1.0012	0.9951	0.9556
2001—2002	1.06	1.0893	1.004	1.0003	0.993	0.9757
2002—2003	1.1528	1.0952	1.0082	0.9995	0.9867	1.0587
2003—2004	1.1614	1.0988	1.0036	1.0038	1.001	1.0482
2004—2005	1.1056	1.1115	1.0039	0.9969	0.9953	0.9986
2005—2006	1.0961	1.1248	1.0041	0.9952	0.9956	0.9796

---

① 这与 Ma 和 Stern（2008）的发现一致。

续表

年份	D_{tot}	D_Y	D_{str}^1	D_{str}^2	D_{str}^3	D_{int}^3
2006—2007	1.0844	1.1391	1.0049	0.9972	1.0008	0.9492
2007—2008	1.039	1.0956	1.0017	0.9982	0.9971	0.9513
2008—2009	1.0522	1.0904	1.0029	0.9907	1.0034	0.9679
2009—2010	1.0596	1.1005	1.0053	0.9979	0.9991	0.9606
2010—2011	1.071	1.0901	1.0031	0.9999	1	0.9796
1980—2011	5.7735	20.0608	1.3108	1.0217	0.9416	0.2282
几何均值	1.0582	1.1016	1.0088	1.0007	0.9981	0.9535

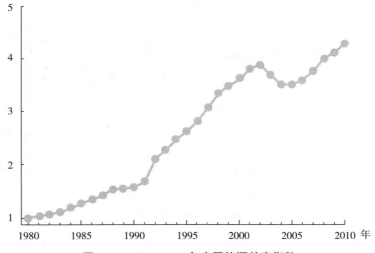

图6.4　1980—2010年中国能源效率指数

　　我们尝试利用最小二乘法（OLS）对式（6.17）进行估计，结果显示模型拟合结果很好，但大部分系数的估计值不显著。这很有可能是由于因变量存在多重共线性问题。我们对这一问题进行了更深入的分析。首先，我们计算了各个变量之间的相关系数。结果（见附表6.1）显示，大部分变量之间的相关系数在0.8以上，即高度正相关。这初步暗示因变量之间存在多重共线性。我们利用Farrar – Glauber统计量对这一问题进行检验，计算得到的Farrar – Glauber统计量值为2430.57，在1%的水平下显著，进一步验证了因变量之间存在多重共线性。

　　为了处理这一问题，我们采用由Hoerl和Kennard（1970a、1970b）提出的岭回归（Ridge regression）方法。岭回归的基本思想是以系数估计值的微小

偏差为代价来降低系数估计的方差值。岭回归估计量可以由以下公式计算获得
$\hat{\beta}(k) = (X'X + kI)^{-1}X'Y$。其中，$I$ 是一个单位矩阵；$k \geq 0$，是岭回归常数（k =0 时，岭回归估计退化为 OLS）。岭回归常数 k 越小，岭回归估计结果越接近 OLS 估计，估计值的偏差越小，方差越大。岭回归常数 k 越大，岭回归估计值偏差越大，方差越小。因此，岭回归的关键在于确定一个合适的岭回归常数 k 值。为了选择一个最优的 k 值，参考 Lin 和 Wesseh（2013）、Smyth 等（2011），我们采用岭回归轨迹图进行诊断。图6.5 描绘了系数估计值与岭回归常数 k 之间的关系。当岭回归常数等于 0.3 时，所有系数的估计值趋向于稳定。因此，在本书的估计中，我们令 k =0.3。附表6.2 报告了岭回归的估计结果。

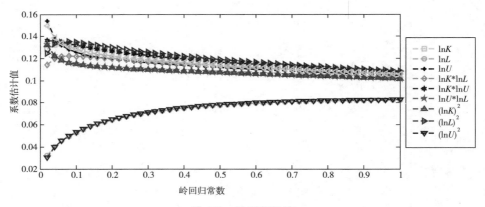

图 6.5　岭回归轨迹

基于岭回归的估计结果，我们计算了资本、劳动和能源服务的产出弹性。附表6.3 报告了相关的估计结果。在此基础上，我们根据式（6.13）至式（6.16）计算资本、劳动和能源投入增加以及能源效率上升对经济增长的贡献。相关的计算结果见附表6.4。我们可以从中观察到，资本投入的增加是样本期间（1981—2011 年）中国经济增长的最大贡献者，其平均贡献率为 39.7%。这一结果与中国的投资依赖型增长模式相符。特别是在 2008 年国际金融危机爆发后，中国政府出台 4 万亿元的一揽子刺激政策，投入迅速增加，进一步提高了资本投入在经济增长中的贡献率。与此相反，随着人口增长的放缓，劳动对经济增长的贡献率逐渐下降。能源服务是样本期间中国经济增长的第二大推动力，其平均贡献率为 34.3%。能源服务对经济增长的贡献可以分解为能源效率和物质能源投入两个因素，能源效率的提升在样本期间对中国经济增长的平均贡献率为 15.3%。

基于以上结果，我们利用式（6.19）计算了中国的宏观能源反弹效应。由表 6.2 可知，1981—2011 年中国宏观能源反弹效应为 30% ~ 40%，均值为 34.3%。这意味着平均而言，中国能源效率上升的理论节能量中的 34.3% 被经济增长效应所带动的能源消费增加抵消。这一估计结果比一些发达国家的宏观能源反弹效应要高。例如，Barker 等（2007）基于 MDM - E3 模型，测算得到的英国 2000—2010 年能源反弹效应大约为 26%；Van Es 等（1998）利用可计算一般均衡（CGE）模型对荷兰进行研究，发现能源反弹效应为 15%；Small 和 Dender（2007）研究发现，美国交通运输部门的能源反弹效应为 22.2%。

表 6.2　中国宏观能源反弹效应估计结果：1981—2011 年

年份	能源反弹效应（%）	年份	能源反弹效应（%）
1981	31.316	1997	36.049
1982	31.387	1998	35.928
1983	31.659	1999	34.690
1984	32.930	2000	34.707
1985	33.418	2001	34.992
1986	32.486	2002	34.409
1987	33.087	2003	31.841
1988	33.558	2004	32.303
1989	32.112	2005	34.061
1990	32.270	2006	34.890
1991	33.858	2007	36.189
1992	40.078	2008	36.254
1993	34.952	2009	35.781
1994	35.335	2010	36.212
1995	34.795	2011	35.653
1996	35.081	平均值	34.267

从变动趋势来看，中国宏观能源反弹效应在 1981—1985 年呈现上升的趋势；随后在 1986—1990 年围绕 33% 波动；而在 1991—2000 年，反弹效应先是迅速上升到最高值（40.08%），然后回落到 35% 左右；此后的 2001—2005 年，反弹效应先降后升；2006—2010 年，反弹效应基本保持在 35% 左右。

图 6.6 将本章的估计结果与其他研究进行了比较。与其他研究相比，本章

的估计结果更加稳定。由图 6.6 可知，其他研究的宏观能源反弹效应估计值在不同年份间波动很大，而且存在一些极端值。例如，周勇和林源源（2007）、王群伟和周德群（2008）认为，能源反弹效应的估计值存在低于 −300% 的情况；Shao 等（2014）认为，1989 年的能源反弹效应值高达 717.58%。这些极端值都非常难以解释，特别是负的反弹效应与理论逻辑不符。一个可能的原因是周勇和林源源（2007）、王群伟和周德群（2008）、Lin 和 Liu（2012）和 Shao 等（2014）的测算存在不一致。这些研究都是测算技术进步所引致的能源消费增加作为式（6.1）中 AE 的估计值。能源效率的上升只是技术进步的一个成分，因此用技术进步所引致的能源消费增加作为 AE 的估计值是有偏差的。在现实经济中，技术进步受到多种因素（诸如气候变化、制度变革、外部冲击等）的影响，因此技术进步的波动往往是比较大的。这有可能导致这些研究反弹效应的估计结果出现剧烈的波动。从这个角度而言，本章的方法更符合宏观能源反弹效应的概念，实证得到的结果也更加合理。

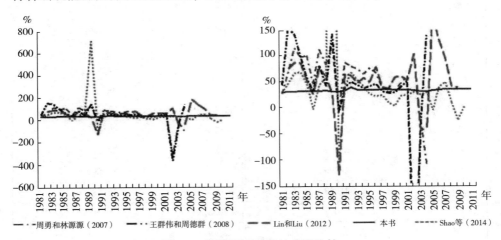

图 6.6　不同研究的估计结果比较

6.4　结语

提高能源效率被认为是中国关键的节能政策（Shao 等，2014），但能源反弹效应意味着能源效率提升所带来的初始节能量会由于增长效应而消失。因此，对损失的初始节能量进行估计是很有意思并且非常重要的研究。许多文献已经对中国宏观能源反弹效应展开了深入的研究，但目前在这个问题上仍充满争议。特别是在中国宏观能源反弹效应的经验估计上，不同的研究给出了截然不同的结论。更重要的是，先前的大部分研究估计的是技术进步引致的能源消费增加，这与能源反弹效应的概念不一致，因此其结果是有偏误的。有鉴于此，本章提出了一个新的宏观能源反弹效应核算框架。

基于本章所提出的方法，我们对 1981—2011 年中国的宏观能源反弹效应进行测算。我们的实证结果显示，在此期间，中国宏观能源反弹效应为 30% ~ 40%，均值为 34.3%。这表明平均而言，能源效率提升的原始节能量中有 34.3% 被经济增长效应抵消。本章的这一估计结果要小于现有的研究的结果，包括周勇和林源源（2007）、王群伟和周德群（2008）、Lin 和 Liu（2012）、Shao 等（2014）。从国际比较来看，中国的宏观能源反弹效应要高于美国、英国和荷兰等发达国家。从本章的估计结果来看，中国能源效率的提升能够对能源消费增长起到减缓作用，但由于反弹效应的存在，能源效率提高的节能效应在一定程度被削弱了。

本章还存在一些不足之处。首先，本章所使用的 IDA 模型测度的是各个影响变量对能源消费变动的直接效应，无法刻画影响变量之间的互相作用。例如，能源效率还会通过促进经济增长导致能源消费的增加。因此，为了测算能源效率通过增长效应引致的能源消费量，本章利用了经济增长的核算方法。值得的一提的是，Vaninsky（2014）提出的广义迪氏指数分解法（Generalized Divisia decomposition analysis）在理论上可以直接分解出能源效率与经济增长之间的相互作用。对于 Vaninsky（2014）提出的方法，我们需要在分解中加入一些显性的条件。一旦我们找到满足要求的条件，我们便可在分解模型中直接测算反弹效应。如此一来，本章的分析框架会更加完美。然而，目前我们还没找到可行的约束条件来分离能源效率和经济增长之间的相互作用。其次，本章只是对我国宏观能源反弹效应进行测算，缺少对其潜在决定因素的分析。

7　中国地区二氧化碳排放效率与减排潜力[①]

7.1　引言

近年来，温室气体排放增加而导致的气候变化威胁到人类的生存和可持续发展。因此，温室气体的排放问题引起了业界和学术界的广泛关注。减少二氧化碳等温室气体的排放成为世界上各个国家和组织的共识。1997 年，部分国家（主要是工业化国家）签署了"京都议定书"，承诺在 2008—2012 年，温室气体排放在 1990 年的基础水平上减少 5.2%。但是，发展中国家并没有被要求减少温室气体排放。由于在减排责任和义务上存在不小的分歧，后京都时代的气候谈判举步维艰。

作为世界上最大的发展中国家，中国是全球温室气体排放的主要贡献者。从 2007 年开始，中国就超过美国，成为世界上最大的二氧化碳排放国。根据世界银行的统计数据，在 2009 年，中国的二氧化碳排放已经达到了 7687 百万吨，占世界总排放的 24%，而这一比例在 2000 年仅为 13.72%，可见中国二氧化碳排放量增长之迅速。为此，中国面临着持续的二氧化碳减排压力。中国政府于 2009 年宣布，到 2020 年，中国的碳强度减少到 2005 年排放水平的 40%~50%。此外，"十二五"规划中明确了许多具体的减排目标和措施。例如，"十二五"规划明确要求 2015 年的碳强度减少到 2010 年排放水平的 17%，并且这个目标被分解为各个省份的减排指标。

地区间二氧化碳减排额度需要进行科学合理的分配，才能顺利实现总减排目标。因此，在做任何政策之前，科学地对各个地区的二氧化碳排放效率及相应的减排潜力进行估计就显得尤其重要。出于这一动机，许多学者使用了不同的方法对我国各地的二氧化碳排放效率和减排空间进行了估计，代表性文献包

[①]　本章内容已经发表在 SCI 期刊《应用能源》（*Applied Energy*）2014 年第 115 卷。

括 Guo 等（2011）、Wang 等（2013b）、Choi 等（2012）、Wang 等（2012b）、Wang 等（2013c）、Wang 等（2013d）等。尽管现有研究已经得到一些颇有深度的结论，但大部分研究没有考虑中国不同地区间的技术异质性。由于中国各地区发展的不均衡性，不同地区的技术水平并不一致。考虑到中国不同地区在资源禀赋、产业结构和经济发展方面的差异，技术差距在不同地区间也难免存在。这一重要的典型特征不能被忽略。因此，本章试图通过非参数共同边界方法去弥补现有研究的不足。本章的另一个贡献在于进一步考察了二氧化碳减排潜力的来源。显然，这将提供更多的政策启示。

7.2 研究方法

7.2.1 DEA 环境技术与方向距离函数

为了刻画二氧化碳排放作为非合意产出的生产过程，本书使用由 Färe 等（1989）提出的 DEA 环境技术。具体而言，本书基于新古典的生产框架，假设一个决策单元（Decision - making unit）以劳动（L）、资本（K）和能源（E）作为投入要素生产期望产品（Y）。在这一生产过程中，二氧化碳（C）作为非期望产品也随之产生。根据 Färe 等（1989）的联合生产框架，我们可以将生产技术表示为

$$P = \{(L,E,K,Y,C) : (L,E,K) \text{ 可以生产}(Y,C)\} \tag{7.1}$$

在生产理论上，一般假设生产技术具有以下三个公理：

一是期望产出与非期望产出的零结合性（Null - jointness），即如果 $(L,E,K,Y,C) \in P$ 且 $C = 0$，则 $Y = 0$。这个性质说明期望产出的生产就一定伴随着非期望产出。

二是投入要素和期望产出的强可处置性（Strong disposability of desirable outputs and inputs），即如果 $(L,E,K,Y,C) \in P$ 且 $Y' \leqslant Y$（或者 $L' \geqslant L$，$K' \geqslant K$，$E' \geqslant E$），则 $(L',E',K',Y',C) \in P$。这个性质说明投入要素和期望产出可以被无成本地处理。

三是非期望产出的弱可处置性（Weak disposability of undesirable outputs and inputs），即如果 $(L,E,K,Y,C) \in P$ 且 $0 < \theta < 1$，则 $(L,E,K,\theta Y,\theta C) \in P$。这个性质说明非期望产出的处置不是没有成本的。

为了方便处理，我们进一步假设生产技术集 P 是有界闭集。通常而言，生产技术是不可观察的。为了克服这一问题，我们可以利用非参数（DEA）的

方法，即以观察值的分段线性组合来构造生产技术集的边界。具体而言，在常规模报酬下[①]，生产技术集 P 可以进一步表示为

$$P = \left\{ (L, E, K, Y, C) : \sum_{i=1}^{N} \lambda_i L_i \leqslant L \right.$$

$$\sum_{i=1}^{N} \lambda_i E_i \leqslant E$$

$$\sum_{i=1}^{N} \lambda_i K_i \leqslant K$$

$$\sum_{i=1}^{N} \lambda_i Y_i \geqslant Y$$

$$\sum_{i=1}^{N} \lambda_i C_i = C$$

$$\left. \lambda_i \geqslant 0, \ i = 1, \cdots, N \right\} \qquad (7.2)$$

其中，λ_i 是赋予每个观察值的权重。在可变规模报酬技术下，则需要在式 (7.2) 上增加权重和等于 1 的约束（ $\sum_{i=1}^{N} \lambda_i = 1$ ）。

为了测度被评价地区提高期望产出和减少非期望产出（二氧化碳）的能力，我们利用 Chung 等（1997）提出的方向距离函数（Directional distance function）[②]。其定义如下：

$$\vec{D}(L,E,K,Y,C;g) = \sup\{\beta : (L,E,K,Y,C) + \beta g \in P\} \qquad (7.3)$$

其中，$g = (g_L, g_E, g_K, g_Y, g_C)$，是方向向量，决定了投入要素、期望产出和非期望产出缩减或者扩张的方向；β 表示缩减或者扩张的规模因子。方向向量 g 的引入使方向距离函数具有很强的灵活性。研究者可以根据研究目的设置方向向量 g。当 $g = (0,0,0,Y,0)$ 时，方向距离函数退化为产出导向的谢泼德距离函数；当 $g = (-L, -E, -K, 0, 0)$ 时，方向距离函数退化为投入导向的谢泼德距离函数。根据 Chung 等（1997），本书将方向距离函数设定为 $g = (0,0,0, Y, -C)$。在这种情形下，方向距离函数测度了期望产出的最大扩展比例和非期望产出的最大缩减比例。这意味着本章将要测度的二氧化碳减排潜力是在保持经济扩张的约束下的。当前，我国仍是一个发展中国家，经济的发展始终是

---

① Färe 等（1997）认为，常规模报酬技术提供了潜在未知技术的界限，而且可以刻画长期技术。因此，常规模报酬技术可以作为 DEA 分析的基准。Zhou 和 Ang（2008a）认为常规模报酬技术下的 DEA 模型比可变规模报酬下的 DEA 模型能够更好地区分决策单元的效率值。因此，本书采用常规模报酬技术下的 DEA 模型。

② 正如本书的文献综述部分所指出的，方向距离函数是一种径向效率测度方法，因此可能会低估效率值。使用非径向的方向距离函数虽然可以克服这一问题，但却无法对减排潜力进行分解。Du 等（2014）进行了更加详细的讨论。综合考虑下，本书选择方向距离函数。

中国政府的第一要务。因此，我们这种设定符合当前中国的实际情况。由式（7.4），我们可以得到最优生产状态①下的二氧化碳排放量为 $[1 - \vec{D}(L,E,K,Y,C;g)]C$。根据 Chiu 等（2011），二氧化碳排放效率（简记为 CEE）可以定义为最优状态下（理论上最小）的二氧化碳排放量与实际二氧化碳排放量之间的比值，即 $CEE = 1 - \vec{D}(L,E,K,Y,C;g)$。

7.2.2 技术差距与二氧化碳排放效率

上一节我们提到利用 DEA 方法去构造生产技术的前沿边界。这种方法蕴含着一个重要假设：所有被评价决策单元的技术是可以比较的。然而，在现实经济中，由于不同地区的个体异质性，其生产技术势必有差异。为了控制决策单元的个体异质性，本章采用共同前沿（metafrontier）的分析方法。假设根据技术水平的不同，所有决策单元可以划分为 H 组；组内的决策单元具有同质的生产技术，而组间决策单元技术是异质的。我们定义相对于组群（group）h 生产技术下的方向距离函数：

$$\vec{D}^h(L,E,K,Y,C;g) = \sup\{\beta^h : (L,E,K,Y,C) + \beta^h g \in P^h\}, h = 1,\cdots,H \tag{7.4}$$

其中，P^h 代表组群 h 的生产技术。组群生产技术下的方向距离函数反映了被评测的决策单元对组群生产边界的偏离程度。假设共同技术（meta – technology）② 由所有组群的生产技术构造。我们用以下表达式来刻画共同技术：

$$P^* = \{P^1 \cup P^2 \cup \cdots \cup P^H\} \tag{7.5}$$

相应地，共同技术下的方向距离函数可以表示为

$$\vec{D}^*(L,E,K,Y,C;g) = \sup\{\beta^* : (L,E,K,Y,C) + \beta^* g \in P^*\} \tag{7.6}$$

根据 Chiu 等（2011），组群生产边界和共同生产边界下的二氧化碳排放效率可以分别定义为

$$CEE^h = 1 - \vec{D}^h(L,E,K,Y,C;g) \tag{7.7}$$

$$CEE^* = 1 - \vec{D}^*(L,E,K,Y,C;g) \tag{7.8}$$

由式（7.5）可知，共同生产边界是所有组群生产边界的包络线。因此，CEE^h 和 CEE^* 之间存在如下关系：

---

① 最优生产状态是指技术和资源得到充分的利用，不存在无效率。
② 共同技术是指所有决策单元共同面临的潜在技术。

$$\vec{D}^h(L,E,K,Y,C;g) \leqslant \vec{D}^*(L,E,K,Y,C;g) \Rightarrow CEE^h \geqslant CEE^* \qquad (7.9)$$

CEE^h 和 CEE^* 之间的差异反映了组群生产边界与共同生产边界之间的距离。根据 Battese 和 Rao（2002）、Battese 等（2004）、Chiu 等（2011），我们定义如下技术落差率（Technology Gap Ratio）：

$$TGR = CEE^*/CEE^h \qquad (7.10)$$

技术落差率（TGR）刻画了被评价决策单元在其所在组群中的生产技术与共同技术之间的差距。由式（7.10）我们可以得到 TGR 的值落在区间 0 和 1 之间。TGR 的值越大，表示被评价决策单元的技术越接近共同潜在的生产技术。

图 7.1 刻画了二氧化碳排放效率和技术落差率之间的关系。假设点 A 为被评价的决策单元，其生产技术属于组群 1。从图 7.1 中，我们可以看到，决策单元 A 相对组群 1 生产技术和共同生产技术的二氧化碳排放效率分别为 OF/OG 和 OE/OG，其技术落差率则为 OE/OF。

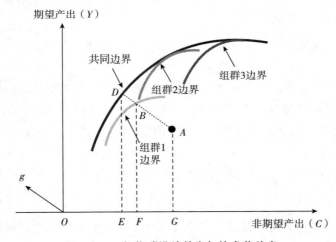

图 7.1　二氧化碳排放效率与技术落差率

参考 Chung 等（1997）、Oh（2010）和 Chiu 等（2011），本书利用 DEA 的方法对方向距离函数进行估计。具体而言，基于式（7.2）所构造的生产技术集，$\vec{D}^h(L,E,K,Y,C)$ 和 $\vec{D}^*(L,E,K,Y,C)$ 可以分别通过以下线性规划问题计算得到：

$$\vec{D}^h(L_i^h, E_i^h, K_i^h, Y_i^h, C_i^h; g) = \mathrm{Max}\beta^h$$

$$\text{s. t.} \quad \sum_{j=1}^{N_h} \lambda_j^h L_j^h \leqslant L_i^h$$

$$\sum_{j=1}^{N_h} \lambda_j^h E_j^h \leqslant E_i^h$$

$$\sum_{j=1}^{N_h} \lambda_j^h K_j^h \leqslant K_i^h$$

$$\sum_{j=1}^{N_h} \lambda_j^h Y_j^h \geqslant (1 + \beta^h) Y_i^h$$

$$\sum_{j=1}^{N_h} \lambda_j^h C_j^h = (1 - \beta^h) C_i^h$$

$$\lambda_j^h \geqslant 0, j = 1, \cdots, N^h \tag{7.11}$$

$$\vec{D}^*(L_i, E_i, K_i, Y_i, C_i; g) = \mathrm{Max}\beta^*$$

$$\text{s. t.} \quad \sum_{j=1}^{N} \lambda_j L_j \leqslant L_i$$

$$\sum_{j=1}^{N} \lambda_j E_j \leqslant E_i$$

$$\sum_{j=1}^{N} \lambda_j K_j \leqslant K_i$$

$$\sum_{j=1}^{N} \lambda_j Y_j \geqslant (1 + \beta^*) Y_i$$

$$\sum_{j=1}^{N} \lambda_j C_j = (1 - \beta^*) C_i$$

$$\lambda_j \geqslant 0, j = 1, \cdots, N \tag{7.12}$$

7.2.3 二氧化碳减排潜力计算及分解方法

为了识别二氧化碳减排潜力的来源，我们首先将共同前沿下的二氧化碳排放无效率（EIM）分解为两部分：一部分是由管理无效率引起的（MI），另一部分是由技术差距引起的（TGI）。具体的分解过程如下：

$$EIM = MI + TGI \tag{7.13}$$

$$MI = 1 - CEE^h \tag{7.14}$$

$$TGI = CEE^h \times (1 - TGR) \tag{7.15}$$

由式（7.14）可知，MI 是相对组群生产技术的无效率。由于组群生产技术是决策单元当前可获得的，因此这个无效率反映了决策单元没有充分利用其可得技术而造成二氧化碳的过多排放。这部分无效率决策单元可以通过提高管理效率而消除。因此，本章称之为管理无效率。正如式（7.15）所示，TGI 是由技术落差率引起的。这部分无效率是组群生产技术与共同潜在生产技术之间的差距造成的。

基于对共同前沿下的二氧化碳排放无效率的计算与分解，我们可以进一步地获得总的二氧化碳减排潜力（PCR），并将其分解为无效管理（$PCRMI$）和技术差距（$PCRTG$）两部分。具体的分解过程如下：

$$PCR = EIM \times C \qquad\qquad (7.16)$$
$$PCRMI = MI \times C \qquad\qquad (7.17)$$
$$PCRTG = TGI \times C \qquad\qquad (7.18)$$

7.3 实证分析

7.3.1 数据来源及处理

利用上一节的方法，我们对中国 30 个地区[①]在"十一五"期间（2006—2010 年）的二氧化碳排放效率和减排潜力进行实证研究。延续传统效率分析文献的做法，我们选择地区生产总值作为期望产出（Y）的代理变量，原始数据来自历年《中国统计年鉴》。利用地区生产总值指数，我们将现价地区生产总值数据转换为 2000 年价格水平的实际地区生产总值。2006 年的资本存量（K）数据来自单豪杰（2008）的估算结果。我们按照单豪杰（2008）的方法估算 2007—2010 年各地区的资本存量。利用固定资产投资价格指数，资本存量数据进一步折算为 2000 年不变价格水平。我们以就业人数作为劳动（L）的代理变量，数据来自历年《中国统计年鉴》。我们以能源消费量作为能源投入（E）的代理变量，数据来自 CEIC 数据库。由于没有官方统计的地区二氧化碳排放量数据，我们按照 Wu 等（2012）的方法，根据各种能源的排放因子进行估算。基础数据来自历年《中国能源统计年鉴》中的地区能源平衡表。

在使用非参数共同边界分析方法前，我们需要将中国 30 个地区划分为不同技术水平的组群。在实践上，研究者通常根据地理位置和经济发展水平等准则进行分组，如 Battese 等（2004）、Oh（2010）、Oh 和 Lee（2010）、Chen 和 Song

---

① 由于数据缺失，本章的研究不包括西藏。

（2008）等。地理位置相邻的地区不但生产要素便于流动，而且有比较接近的文化，这为技术扩散提高了便利的载体。因此，地理位置相邻的地区通常具有相似的技术（Battese 等，2004；O'Donnell 等，2008）。经济发展水平则与生产技术水平直接相关。因此，这种划分方法有一定的合理性。从地理分布和经济发展的角度来看，中国 30 个地区可以划分为东部、中部和西部三大地区。东部地区包括北京、福建、广东、海南、河北、江苏、辽宁、山东、上海、天津和浙江。作为改革开放的先驱，东部地区经济相对发达，其地区生产总值占全国的 50% 以上（Hu 和 Wang，2006）。中部地区包括安徽、河南、黑龙江、湖北、湖南、吉林、江西、内蒙古和山西。中部地区以农业及其相关产业为主，在经济上落后于东部地区。西部地区包括甘肃、广西、贵州、宁夏、青海、陕西、四川、新疆、云南和重庆。西部地区矿产资源丰富，但在经济上最不发达。

7.3.2　二氧化碳排放效率与技术落差率

利用 Matlab 7.6 软件，本章对东部、中部、西部三大地区组群技术下的方向距离函数和共同潜在技术下的方向距离函数进行估计。在此基础上，本章计算了相对组群生产边界和共同生产边界的二氧化碳排放效率，表 7.1 报告了相关的估计结果。

从表 7.1 中可以看到，相对共同生产边界，中国的大部分地区二氧化碳排放都是有效率的。共同边界下的 CEE 值范围为 0.206 ~ 1.000，均值为 0.728。这表明如果共同潜在技术能够被充分地利用，中国每个地区平均而言可以减少 27.2% 的二氧化碳排放量。

在 30 个地区中，广东、福建、江苏和上海的二氧化碳排放是相对有效的，它们都来自经济发达的东部地区。总体来看，东部地区省份在二氧化碳排放效率上表现最好，其平均效率值为 0.926，中部地区次之（平均效率值为 0.746），而西部地区表现得最差（平均效率值为 0.494）。如果以共同生产边界作为评价基准，我国地区间的二氧化碳排放效率呈现巨大的差异。与此相反，如果以各自的组群生产边界作为评价基准，我国地区间的二氧化碳排放效率差异很小。东部、中部和西部地区的平均二氧化碳排放效率分别为 0.931、0.920 和 0.871。从表 7.1 中我们还可以看到，共同生产边界和组群生产边界下的二氧化碳排放效率值差异很大，特别是对中西部地区而言。以新疆为例，在共同生产边界下，其效率值为 0.481；而在其组群生产边界下，效率值上升为 1.000。相似的情况也出现在陕西、四川、吉林和江西。这一现象反映出共同潜在技术和组群技术之间存在一些差距。

表7.1 共同生产边界和组群生产边界下的中国地区二氧化碳排放效率

地区	共同生产边界						组群生产边界					
	2006年	2007年	2008年	2009年	2010年	均值	2006年	2007年	2008年	2009年	2010年	均值
(E)北京	0.926	0.934	0.968	0.971	0.995	0.959	0.933	0.936	0.968	0.971	0.995	0.961
(E)福建	1.000	1.000	1.000	1.000	1.000	1.000	1.000	1.000	1.000	1.000	1.000	1.000
(E)广东	1.000	1.000	1.000	1.000	1.000	1.000	1.000	1.000	1.000	1.000	1.000	1.000
(E)海南	0.812	0.830	0.821	0.837	1.000	0.860	0.813	0.830	0.821	0.837	1.000	0.860
(E)河北	0.820	0.828	0.758	0.678	0.712	0.759	0.821	0.828	0.773	0.692	0.727	0.768
(E)江苏	1.000	1.000	1.000	1.000	1.000	1.000	1.000	1.000	1.000	1.000	1.000	1.000
(E)辽宁	0.984	1.000	0.889	0.869	0.868	0.922	0.984	1.000	0.894	0.873	0.869	0.924
(E)山东	0.752	0.821	0.841	0.796	0.775	0.797	0.752	0.837	0.880	0.800	0.777	0.809
(E)上海	1.000	1.000	1.000	1.000	1.000	1.000	1.000	1.000	1.000	1.000	1.000	1.000
(E)天津	0.946	1.000	0.935	0.924	0.970	0.955	0.946	1.000	0.936	1.000	1.000	0.976
(E)浙江	0.942	0.914	0.930	0.947	0.959	0.938	0.942	0.918	0.930	0.947	0.959	0.939
(E)安徽	0.786	0.781	1.000	1.000	1.000	0.913	1.000	1.000	1.000	1.000	1.000	1.000
(C)河南	0.750	0.653	0.584	0.594	0.609	0.638	0.808	0.799	0.797	0.804	0.826	0.807
(C)黑龙江	1.000	1.000	1.000	0.951	0.950	0.980	1.000	1.000	1.000	1.000	1.000	1.000
(C)湖北	0.850	0.871	0.863	0.835	0.869	0.858	0.965	1.000	1.000	1.000	1.000	0.993
(C)湖南	0.953	0.958	0.921	0.879	0.843	0.911	0.953	0.960	0.955	0.961	0.959	0.958
(C)吉林	0.559	0.538	0.544	0.545	0.566	0.550	1.000	1.000	1.000	1.000	1.000	1.000
(C)江西	0.664	0.664	0.703	0.723	0.721	0.695	1.000	1.000	1.000	1.000	1.000	1.000
(C)内蒙古	0.813	1.000	1.000	0.472	0.325	0.722	1.000	1.000	1.000	1.000	1.000	1.000

续表

地区	共同生产边界						组群生产边界					
	2006 年	2007 年	2008 年	2009 年	2010 年	均值	2006 年	2007 年	2008 年	2009 年	2010 年	均值
(C)山西	0.551	0.585	0.460	0.313	0.309	0.444	0.649	0.637	0.470	0.413	0.428	0.519
(W)甘肃	0.507	0.492	0.465	0.501	0.475	0.488	0.937	0.950	0.881	0.835	0.823	0.885
(W)广西	0.683	0.650	0.695	0.677	0.659	0.673	1.000	1.000	1.000	1.000	1.000	1.000
(W)贵州	0.256	0.284	0.324	0.316	0.338	0.304	0.597	0.644	0.609	0.600	0.568	0.604
(W)宁夏	0.202	0.211	0.207	0.209	0.202	0.206	0.499	0.493	0.493	0.519	0.513	0.503
(W)青海	0.454	0.476	0.456	0.444	0.501	0.466	0.835	0.880	0.868	0.881	0.923	0.877
(W)陕西	0.506	0.521	0.532	0.515	0.502	0.515	1.000	1.000	1.000	1.000	1.000	1.000
(W)四川	0.683	0.689	0.696	0.683	0.702	0.691	1.000	1.000	1.000	1.000	1.000	1.000
(W)新疆	0.504	0.499	0.490	0.456	0.457	0.481	1.000	1.000	1.000	1.000	1.000	1.000
(W)云南	0.464	0.470	0.506	0.496	0.513	0.490	0.893	0.841	0.857	0.837	0.790	0.844
(W)重庆	0.611	0.635	0.606	0.618	0.644	0.623	1.000	0.993	1.000	1.000	1.000	0.999
东部地区	0.926	0.939	0.922	0.911	0.934	0.926	0.926	0.941	0.927	0.920	0.939	0.931
中部地区	0.770	0.783	0.786	0.701	0.688	0.746	0.931	0.933	0.914	0.909	0.913	0.920
西部地区	0.487	0.493	0.498	0.492	0.499	0.494	0.876	0.880	0.871	0.867	0.862	0.871
全国均值	0.733	0.743	0.740	0.708	0.715	0.728	0.911	0.918	0.904	0.899	0.905	0.907

注：E、C 和 W 分别代表东部地区、中部地区、西部地区。

表 7.2 对本书测算的二氧化碳排放效率与其他研究结果进行了比较。从中可以发现，本书的估计结果比 Choi 等（2012）、Wang 等（2013b，2013c）的测算结果稍大，但比 Wang 等（2013d）的测算结果要小。

表 7.2　不同研究的中国二氧化碳排放效率测算结果比较

年份	本书	Choi 等（2012）	Wang 等（2013d）	Wang 等（2013c）	Wang 等（2013b）
2006	0.733	0.639	0.889	0.579	
2007	0.743	0.669	0.889	0.597	
2008	0.74	0.700	0.885	0.615	
2009	0.708	0.719	0.885		
2010	0.715	0.645	0.895		0.625

注：表中数值来自各研究中的地区二氧化碳排放效率平均值，我们以此作为全国效率值。

基于式（7.10），我们计算了各地的技术落差率（*TGR*）。图 7.2 报告了相关的计算结果。图 7.3 给出了三大地区的技术落差率走势。从图 7.2 和图 7.3 中，我们可以发现东部地区大部分省份的技术落差率值比较高（接近于 1）。这说明东部地区的组群生产边界与共同生产边界非常接近，即东部地区的技术水平处于领先地位。与此相反，西部地区的技术落差率值最低，即西部地区的生产技术最落后。值得一提的是，东部、中部、西部地区的技术差距并没有出现缩小的趋势。我们利用 Kruskal – Wallis 统计量对三大地区的技术落差率差异进行检验，计算得到的 Kruskal – Wallis 统计量值为 104.03，并在 1% 的水平上显著。这从统计上进一步说明中国三大地区确实存在技术差距。

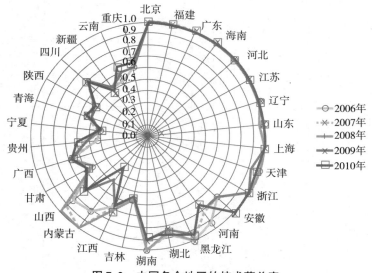

图 7.2　中国各个地区的技术落差率

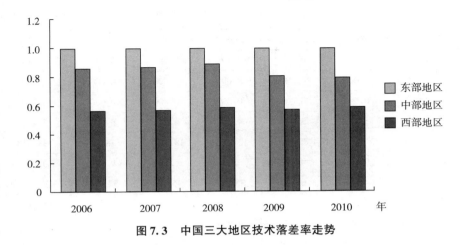

图 7.3　中国三大地区技术落差率走势

7.3.3　中国地区二氧化碳减排潜力

利用式（7.13）至式（7.15），本章计算了各地管理上的无效率和技术差距上的无效率。基于二氧化碳排放无效率的分解，本章进一步通过式（7.16）至式（7.18）计算各地的二氧化碳减排潜力并识别了其减排潜力的来源。

从表 7.3 中可以看到，就整个中国而言，2006—2010 年二氧化碳的年均减排潜力为 1687 百万吨，占年排放量的 23.6%。换言之，平均每个地区可以减排 56.2 百万吨二氧化碳。分地区来看，山西具有最大的减排潜力，年均可减排 195 百万吨；河南（162 百万吨）和山东（140 百万吨）分别排在第二位和第三位。二氧化碳排放相对有效率的北京、福建、广东和江苏不存在减排空间。从三大地区来看，在 2008 年之前，西部地区具有最大的减排潜力；而在这之后，中部地区的减排潜力超过了西部地区。此外，东部地区的二氧化碳减排潜力大约只有中（西）部地区的一半。在二氧化碳减排潜力的来源方面，从表 7.4 中可以看到，东部地区省份技术差距上的减排潜力很小。这主要是因为东部地区的生产技术处于领先地位。与此相反，中西部地区省份呈现了较大的技术差距上的减排潜力。在管理无效引起的减排潜力方面，山西省以 169 百万吨排在第一位，山东和河北分别以 132 百万吨和 129 百万吨排在第二位和第三位。尽管山东和河北属于技术领先的东部地区，但其管理上的无效导致了过多的二氧化碳排放。

表 7.3　中国各地的二氧化碳减排潜力　　　　　　　　　　单位：百万吨

地区	2006 年	2007 年	2008 年	2009 年	2010 年	均值
（E）北京	6.560	6.159	2.893	2.767	0.542	3.784
（E）福建	0.000	0.000	0.000	0.000	0.000	0.000
（E）广东	0.000	0.000	0.000	0.000	0.000	0.000
（E）海南	3.709	3.712	4.447	4.593	0.000	3.292
（E）河北	87.511	88.843	130.813	181.916	178.484	133.513
（E）江苏	0.000	0.000	0.000	0.000	0.000	0.000
（E）辽宁	4.259	0.000	35.881	45.871	52.347	27.672
（E）山东	151.593	119.083	111.601	146.387	171.940	140.121
（E）上海	0.000	0.000	0.000	0.000	0.000	0.000
（E）天津	4.955	0.000	6.642	8.541	3.711	4.770
（E）浙江	17.251	28.577	23.364	18.043	14.730	20.393
（C）安徽	39.747	45.409	0.000	0.000	0.000	17.031
（C）河南	97.829	151.331	184.724	186.784	190.621	162.258
（C）黑龙江	0.000	0.000	0.000	9.043	10.381	3.885
（C）湖北	33.694	32.192	34.957	45.529	42.014	37.677
（C）湖南	9.846	9.602	18.192	29.850	42.080	21.914
（C）吉林	68.086	75.630	79.620	83.771	86.442	78.710
（C）江西	37.176	41.556	38.096	37.682	43.538	39.610
（C）内蒙古	53.393	0.000	0.000	232.016	323.966	121.875
（C）山西	134.772	136.088	188.704	246.647	270.939	195.430
（W）甘肃	43.719	49.547	55.413	50.800	64.036	52.703
（W）广西	35.436	45.194	39.997	48.215	59.290	45.627
（W）贵州	129.415	126.752	113.724	130.538	130.322	126.150
（W）宁夏	49.794	53.059	61.310	63.018	75.088	60.454
（W）青海	13.653	14.059	17.402	18.966	16.728	16.162
（W）陕西	66.998	72.520	79.950	93.928	112.722	85.224
（W）四川	66.643	72.685	77.714	94.408	97.946	81.879
（W）新疆	53.372	59.773	66.703	82.758	88.356	70.192
（W）云南	84.197	89.862	84.288	97.313	98.899	90.912
（W）重庆	36.790	37.951	50.061	51.673	53.003	45.895
东部地区	275.837	246.374	315.640	408.117	421.754	333.545

续表

地区	2006 年	2007 年	2008 年	2009 年	2010 年	均值
中部地区	474.543	491.808	544.293	871.324	1009.981	678.390
西部地区	580.017	621.402	646.563	731.618	796.391	675.198
全国	1330.398	1359.584	1506.496	2011.059	2228.126	1687.133

注：E、C 和 W 分别代表东部地区、中部地区、西部地区。

图 7.4 给出了三大地区在样本区间的减排潜力构成。由图 7.4 可知，在东部地区，超过 90% 的减排潜力来自管理上的无效率。这一比例在中部地区和西部地区分别小于 40% 和 30%。中西部地区的减排潜力主要来自技术差距。图 7.5 报告了 2006—2010 年中国的二氧化碳减排构成。2010 年，中国的减排潜力为 2228 百万吨，占排放量的 26.9%，而这一比例在 2006 年为 21.9%。在减排潜力来源方面，2010 年技术差距上的减排潜力为 1304 百万吨，是总排放量的 15.7% 和总减排潜力的 58.5%；而管理无效率造成的减排潜力为 924 百万吨，占总排放量的 11.2% 和总减排潜力的 41.5%。从时间趋势来看，技术差距和管理无效率造成的减排潜力分别上涨了 78.9% 和 53.8%。

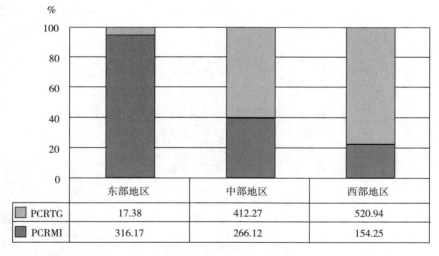

	东部地区	中部地区	西部地区
PCRTG	17.38	412.27	520.94
PCRMI	316.17	266.12	154.25

注：制图数据为三大地区的年平均值，单位为百万吨。

图 7.4　中国三大地区减排潜力构成

表 7.4 各地减排潜力的来源分解结果

地区	PCRTG						PCRMI					
	2006年	2007年	2008年	2009年	2010年	均值	2006年	2007年	2008年	2009年	2010年	均值
(E)北京	0.558	0.177	0.000	0.000	0.000	0.147	6.002	5.982	2.893	2.767	0.542	3.637
(E)福建	0.000	0.000	0.000	0.000	0.000	0.000	0.000	0.000	0.000	0.000	0.000	0.000
(E)广东	0.000	0.000	0.000	0.000	0.000	0.000	0.000	0.000	0.000	0.000	0.000	0.000
(E)海南	0.026	0.009	0.000	0.000	0.000	0.007	3.682	3.703	4.447	4.593	0.000	3.285
(E)河北	0.547	0.086	8.073	7.806	9.258	5.154	86.964	88.757	122.740	174.110	169.226	128.359
(E)江苏	0.000	0.000	0.000	0.000	0.000	0.000	0.000	0.000	0.000	0.000	0.000	0.000
(E)辽宁	0.000	0.000	1.635	1.656	0.570	0.772	4.259	0.000	34.246	44.215	51.777	26.900
(E)山东	0.000	10.471	27.274	3.484	1.628	8.571	151.593	108.612	84.327	142.903	170.312	131.549
(E)上海	0.000	0.000	0.000	0.000	0.000	0.000	0.000	0.000	0.000	0.000	0.000	0.000
(E)天津	0.000	0.000	0.048	8.541	3.711	2.460	4.955	0.000	6.594	0.000	0.000	2.310
(E)浙江	0.000	1.332	0.000	0.000	0.000	0.266	17.251	27.245	23.364	18.043	14.730	20.127
(C)安徽	39.747	45.409	0.000	0.000	0.000	17.031	0.000	0.000	0.000	0.000	0.000	0.000
(C)河南	22.586	63.340	94.715	96.811	105.512	76.593	75.243	87.991	90.009	89.974	85.109	85.665
(C)黑龙江	0.000	0.000	0.000	9.043	10.381	3.885	0.000	0.000	0.000	0.000	0.000	0.000
(C)湖北	25.789	32.192	34.957	45.529	42.014	36.096	0.000	0.000	0.000	0.000	0.000	0.000
(C)湖南	0.000	0.496	7.725	20.263	31.121	11.921	7.905	0.000	0.000	0.000	0.000	1.581
(C)吉林	68.086	75.630	79.620	83.771	86.442	78.710	9.846	9.105	10.467	9.587	10.960	9.993
(C)江西	37.176	41.556	38.096	37.682	43.538	39.610	0.000	0.000	0.000	0.000	0.000	0.000
(C)内蒙古	53.393	0.000	0.000	232.016	323.966	121.875	0.000	0.000	0.000	0.000	0.000	0.000

续表

地区	PCRTG						PCRMI					
	2006年	2007年	2008年	2009年	2010年	均值	2006年	2007年	2008年	2009年	2010年	均值
(C)山西	29.330	17.056	3.680	35.891	46.785	26.548	105.442	119.032	185.024	210.756	224.154	168.882
(W)甘肃	38.130	44.682	43.109	34.031	42.450	40.480	5.589	4.865	12.304	16.770	21.587	12.223
(W)广西	35.436	45.194	39.997	48.215	59.290	45.627	0.000	0.000	0.000	0.000	0.000	0.000
(W)贵州	59.329	63.721	47.986	54.268	45.332	54.127	70.085	63.030	65.739	76.270	84.991	72.023
(W)宁夏	18.527	18.981	22.123	24.665	29.269	22.713	31.267	34.078	39.186	38.353	45.819	37.741
(W)青海	9.537	10.849	13.186	14.914	14.158	12.529	4.116	3.210	4.216	4.052	2.570	3.633
(W)陕西	66.998	72.520	79.950	93.928	112.722	85.224	0.000	0.000	0.000	0.000	0.000	0.000
(W)四川	66.643	72.685	77.714	94.408	97.946	81.879	0.000	0.000	0.000	0.000	0.000	0.000
(W)新疆	53.372	59.773	66.703	82.758	88.356	70.192	0.000	0.000	0.000	0.000	0.000	0.000
(W)云南	67.412	62.821	59.881	65.834	56.214	62.432	16.785	27.041	24.407	31.479	42.685	28.480
(W)重庆	36.790	37.199	50.036	51.673	53.003	45.740	0.000	0.752	0.024	0.000	0.000	0.155

注: E、C 和 W 分别代表东部地区、中部地区、西部地区。

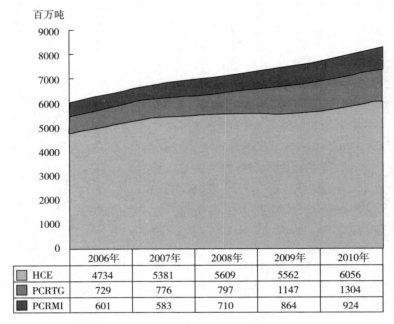

百万吨

	2006年	2007年	2008年	2009年	2010年
HCE	4734	5381	5609	5562	6056
PCRTG	729	776	797	1147	1304
PCRMI	601	583	710	864	924

注：HCE 代表理论上最小的二氧化碳排放量。

图 7.5　中国的二氧化碳减排构成

7.4　结语

　　本章利用非参数共同前沿分析方法对我国 30 个地区 2006—2010 年的二氧化碳排放效率和排放潜力问题进行了实证研究，并对减排潜力的来源进行了识别。本章的经验研究得到以下主要结论：首先，东部、中部和西部地区间确实存在显著的技术差距。东部地区处于技术领先地位，中部地区次之，经济落后的西部地区的生产技术水平最低。其次，以共同潜在技术作为二氧化碳排放效率的评价基准，中国 30 个地区的平均效率值为 0.728。这一结果说明中国发展低碳经济还有很长的路要走。三大地区的效率值呈现巨大的差异。总体而言，东部地区省份比其他两个地区的省份在二氧化碳排放上表现得更有效。最后，就全国范围而言，年均二氧化碳排放潜力为 1687 百万吨。换言之，平均每个省份可以减少 56.2 百万吨二氧化碳排放。通过对减排潜力的分解，我们发现 2006—2010 年，超过一半的减排潜力来自技术差距。更进一步地，东部地区的减排潜力主要来自管理无效率，而中西部地区的减排潜力主要来自技术差距。

　　本章的研究结论具有重要的政策含义。在现行制度安排下，政府通常制定全国的总量减排目标，然后将这一目标分解到各地，并作为地区政府考核的指标之一，从而推动地区减排。人们通常认为，对二氧化碳排放效率低的地区，应当分配更大的减排额度。然而，我们的研究表明，效率低的地区，生产技术通常也是落后的。技术差距在短期内是不能被消除的，因此，我们认为减排额度的制定应当以可比较的群组生产边界作为参考，通过提高各个地区的管理效率，使其充分利用现有可行的技术，实现短期的二氧化碳减排。从长期来看，地区间的技术扩散将是关键。因此，中国政府应当不遗余力地扶持欠发达地区的技术发展，推动落后地区缩小与发达地区之间的差距。

最后，需要指出的是，本章在估计方向距离函数时使用了 DEA 方法。DEA 方法是一种不考虑统计误差影响的非参数方法。因此，DEA 方法对数据质量有较高的要求。然而，中国的宏观数据往往存在较大的噪声。这可能影响到本章的估计结果。这一局限性需要特别注意。

8 异质技术下的全要素碳生产率测算：基于中国省份的实证分析

8.1 引言

自 2007 年以来，中国超过美国，成为全球最大的二氧化碳排放国。世界银行的数据显示，2010 年中国的二氧化碳排放量为 82.87 亿吨，占全球排放总量的 24.6%。由此可见，中国的节能减排对全球的二氧化碳减排至关重要。但是，中国仍然是一个发展中国家，面临保持经济增长和改善民生的压力，这就意味着中国的能源消费需求和二氧化碳排放将不断增长。解决这一矛盾的关键在于提高中国的二氧化碳排放绩效。

有关中国二氧化碳排放绩效的研究是环境经济学领域的焦点之一。许多研究对中国各地区的二氧化碳排放绩效进行了评估，代表性文献有 Guo 等（2011）、Wang 等（2012）、Choi 等（2012）、Wang 等（2013a）、Wang 等（2013b）、Du 等（2014）。

上述文献主要研究中国各地区静态二氧化碳排放绩效的评估，而鲜有文献考察中国二氧化碳排放绩效的动态变化。Wang 等（2010）采用了 Zhou 等（2010）提出的 Malmquist 二氧化碳排放绩效指数（MCPI），探讨中国碳排放绩效的动态变化。Zhang 和 Choi（2013）构建了一个 Metafrontier 非径向 Malmquist 指数，分析了中国化石燃料电厂碳排放绩效的动态变化。

在方法上，上文提到的研究都使用数据包络分析（DEA）模型。DEA 是一种不考虑统计噪声的非参数方法（Lin 和 Du，2013；2014）。为了弥补这一缺陷，Zhou 等（2010）使用一种 DEA 自助法进行统计推断和检验。然而，Coelli 等（2005）认为，DEA 自助法旨在处理样本变异性，而不是考虑统计噪声。此外，使用 DEA 方法获得的实证结果容易受到测量误差和异常值等统计噪声的影响。

鉴于 DEA 方法的局限性，Wang 等（2013d）结合方向距离函数（DDF）和随机前沿分析（SFA）来评估中国的二氧化碳排放绩效。然而，Wang 等

110

（2013d）仅关注静态二氧化碳排放效率的评估，而没有研究中国二氧化碳排放绩效的动态。为此，我们基于 Zhou 等（2010）的框架构建了一个参数 Malmquist 指数模型对中国的二氧化碳排放绩效的动态进行研究，为现有文献提供有益补充。

中国是一个幅员辽阔、地区资源禀赋各异，并且经济发展不平衡的大国。因此，部分研究关注了中国的区域异质性，如 Lin 和 Du（2013，2014）、Wang 等（2013c）和 Du 等（2014）。以往的研究大多应用 Metafrontier 模型来分析区域异质性。Metafrontier 模型根据一些先验信息对样本进行分组。然而，由于个体效应不可观察，先验信息可能并不可靠。此外，样本分组的不同方式将导致不同的实证结果。鉴于这些缺点，本书采用 Wang 和 Ho（2010）提出的固定效应面板 SFA 模型来考察个体异质性。

总之，本章提出的模型不仅考虑了统计噪声，而且更好地涵盖了潜在的异质性。本章还对中国碳排放绩效的动态进行了实证研究，该研究不但是对现有文献的有益补充，而且可以为环境政策制定者提供参考。

8.2 模型介绍

8.2.1 Malmquist 碳排放绩效指标

为了考察碳排放绩效的动态变化，本章沿用 Zhou 等（2010）基于谢泼德碳距离函数（Shephard carbon distance function）的分析框架。谢泼德碳距离函数关注二氧化碳排放的减少，是非径向方向距离函数的一种特殊情况（Zhou 等，2012a）。与传统的方向距离函数相比，谢泼德碳距离函数不需要对合意产出和非合意产出进行同比例调整，使其具有更强的辨别力。

考虑一种环境技术，每个地区使用资本（K）和劳动力（L）来生产合意产出（Y），同时产出非合意产出二氧化碳（C），则生产技术可以表示如下：

$$P = \{(K,L,Y,C) \mid (K,L) \text{ 可以生产 } (Y,C)\} \qquad (8.1)$$

沿用 Zhou 等（2010）的做法，本章将谢泼德碳距离函数定义为

$$D_c(K,L,Y,C) = \sup\{\theta \mid (K,L,Y,C/\theta) \in P\} \qquad (8.2)$$

谢泼德碳距离函数反映了一个地区在给定技术水平下保持劳动和资本不变时，二氧化碳排放量的最大可缩减比例。图 8.1 清晰展示了谢泼德碳距离函数。在图 8.1 中，我们假设曲线表示生产前沿，点 A_1 代表观测的某个地区的生产点。统计噪声使观测值 A_1 偏离该地区实际生产点 A_0。因此，该地区观测到

的投入产出组合到生产前沿的距离由两部分组成：一部分来自统计噪声，另一部分来自二氧化碳的过量排放。在这种情况下，谢泼德碳距离函数应该表示为 OC_2/OC_0，但如果不考虑统计噪声，其会被误算为 OC_2/OC_1。

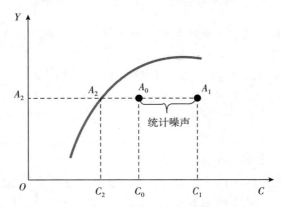

图 8.1　谢泼德碳距离函数

根据谢泼德碳距离函数的定义，某地区理论上最小的二氧化碳排放量 C^* 可以表示为 $C^* = C/D_c(K,L,Y,C)$。接着，我们将二氧化碳排放效率定义为理论上最小的二氧化碳排放量与实际排放量的比值：

$$EFF = C^*/C = 1/D_c(K,L,Y,C) \tag{8.3}$$

式（8.3）可用于评估静态二氧化碳排放绩效。为了分析二氧化碳排放绩效的动态变化，Zhou 等（2010）提出了 Malmquist 二氧化碳排放绩效指数（$MCPI$），其定义为

$$MCPI_i(t,\tau) = \left[\frac{D_c^t(K_i^t,L_i^t,Y_i^t,C_i^t) \times D_c^\tau(K_i^t,L_i^t,Y_i^t,C_i^t)}{D_c^t(K_i^\tau,L_i^\tau,Y_i^\tau,C_i^\tau) \times D_c^\tau(K_i^\tau,L_i^\tau,Y_i^\tau,C_i^\tau)} \right]^{\frac{1}{2}} \tag{8.4}$$

其中，下标 i 表示地区 i，上标 t 和 τ 分别表示时期 t 和 τ。式（8.4）表示地区 i 从第 t 期到第 τ 期二氧化碳排放绩效的变化。Zhou 等（2010）进一步将 $MCPI$ 分解为两部分：效率变化（$EFFCH$）和技术变化（$TECHCH$），如式（8.5）所示。

$$MCPI_i(t,\tau) = \frac{D_c^t(K_i^t,L_i^t,Y_i^t,C_i^t)}{D_c^\tau(K_i^\tau,L_i^\tau,Y_i^\tau,C_i^\tau)} \times$$

$$\left[\frac{D_c^\tau(K_i^\tau,L_i^\tau,Y_i^\tau,C_i^\tau)}{D_c^t(K_i^\tau,L_i^\tau,Y_i^\tau,C_i^\tau)} \times \frac{D_c^\tau(K_i^t,L_i^t,Y_i^t,C_i^t)}{D_c^t(K_i^t,L_i^t,Y_i^t,C_i^t)} \right]^{\frac{1}{2}}$$

$$= EFFCH_i(t,\tau) \times TECHCH_i(t,\tau) \tag{8.5}$$

式（8.5）中，$EFFCH$ 被称为追赶效应，反映被评价地区的生产活动是否

更接近生产前沿；*TECHCH* 反映两个时期之间的技术变化，也被称为前沿变化效应。

8.2.2 模型设定和估计

从式（8.1）中的定义可知，谢泼德碳距离函数不能直接观测，其函数形式也不为人知。函数形式的设定不同，结果也往往不同。因此，为了降低模型误设的风险，我们假设谢泼德碳距离函数满足以下一般形式：

$$\ln D_c^t(K_i^t, L_i^t, Y_i^t, C_i^t) = \alpha_i + f(\ln K_i^t, \ln L_i^t, \ln Y_i^t, \ln C_i^t, t) + \nu_{it} \tag{8.6}$$

其中，α_i 代表个体效应，用于控制地区之间的异质性；ν_{it} 是随机误差项；$f(\ln K_i^t, \ln L_i^t, \ln Y_i^t, \ln C_i^t, t)$ 是一个未知函数。我们通过该函数在 $(\ln \bar{K}, \ln \bar{L}, \ln \bar{Y}, \ln \bar{C}, 0)$ 处的二阶泰勒展开式来近似该函数，其中 $\bar{K}$、$\bar{L}$、$\bar{Y}$ 和 $\bar{C}$ 分别表示变量的均值。我们可以得到以下式子：

$$\begin{aligned}
\ln D_c^t(K_i^t, L_i^t, Y_i^t, C_i^t) &= \alpha_i + \alpha_K k_i^t + \alpha_L l_i^t + \alpha_Y y_i^t + \alpha_C c_i^t + \alpha_t t \\
&+ \alpha_{KL}[k_i^t \times \ln l_i^t] + \alpha_{KY}[k_i^t \times y_i^t] + \alpha_{KC}[k_i^t \times c_i^t] \\
&+ \alpha_{LY}[l_i^t \times y_i^t] + \alpha_{LC}[l_i^t \times c_i^t] + \alpha_{YC}[y_i^t \times c_i^t] \\
&+ \alpha_{KK}[k_i^t]^2 + \alpha_{LL}[l_i^t]^2 + \alpha_{YY}[y_i^t]^2 + \alpha_{CC}[c_i^t]^2 \\
&+ \alpha_{tK} t k_i^t + \alpha_{tL} t l_i^t + \alpha_{tY} t y_i^t + \alpha_{tC} t c_i^t + \alpha_{tt} t^2 + v_{it}
\end{aligned} \tag{8.7}$$

其中，$k_i^t \equiv \ln K_i^t - \ln \bar{K}$，$l_i^t \equiv \ln L_i^t - \ln \bar{L}$，$y_i^t \equiv \ln Y_i^t - \ln \bar{Y}$，$c_i^t \equiv \ln C_i^t - \ln \bar{C}$，各项系数是在 $(\ln \bar{K}, \ln \bar{L}, \ln \bar{Y}, \ln \bar{C}, 0)$ 处的偏导数。

实际上，上述模型识别过程运用了超越对数函数的思想。超越对数函数可以看作对未知函数的二阶泰勒近似（Coelli 等，2005），在实证研究中被广泛应用。

由式（8.2）可知，谢泼德碳距离函数关于碳排放是线性齐次的。因此，我们得到以下关系：

$$\begin{aligned}
\ln D_c^t(K_i^t, L_i^t, Y_i^t, C_i^t) &= \ln C_i^t + \ln D_c^t(K_i^t, L_i^t, Y_i^t, 1) \\
&= c_i^t - \ln \bar{C} + \alpha_i + \alpha_K k_i^t + \alpha_L l_i^t + \alpha_Y y_i^t + \alpha_t t \\
&+ \alpha_{KL}[k_i^t \times l_i^t] + \alpha_{KY}[k_i^t \times y_i^t] + \alpha_{LY}[l_i^t \times y_i^t] \\
&+ \alpha_{KK}[k_i^t]^2 + \alpha_{LL}[l_i^t]^2 + \alpha_{YY}[y_i^t]^2 \\
&+ \alpha_{tK} t k_i^t + \alpha_{tL} t l_i^t + \alpha_{tY} t y_i^t + \alpha_{tt} t^2 + v_{it}
\end{aligned} \tag{8.8}$$

根据式（8.8），我们可以得到

$$\frac{D_c^{t+1}(K_i^{t+1}, L_i^{t+1}, Y_i^{t+1}, C_i^{t+1})}{D_c^t(K_i^{t+1}, L_i^{t+1}, Y_i^{t+1}, C_i^{t+1})}$$

$$= \exp(\ln D_c^{t+1}(K_i^{t+1}, L_i^{t+1}, Y_i^{t+1}, C_i^{t+1}) - \ln D_c^t(K_i^{t+1}, L_i^{t+1}, Y_i^{t+1}, C_i^{t+1}))$$

$$= \exp(\alpha_t + \alpha_{tK} k_i^{t+1} + \alpha_{tL} l_i^{t+1} + \alpha_{tY} y_i^{t+1} + 2\alpha_{tt}(t+1)) \tag{8.9}$$

$$\frac{D_c^{t+1}(K_i^t, L_i^t, Y_i^t, C_i^t)}{D_c^t(K_i^t, L_i^t, Y_i^t, C_i^t)}$$

$$= \exp(\ln D_c^{t+1}(K_i^t, L_i^t, Y_i^t, C_i^t) - \ln D_c^t(K_i^t, L_i^t, Y_i^t, C_i^t))$$

$$= \exp(\alpha_t + \alpha_{tK} k_i^t + \alpha_{tL} l_i^t + \alpha_{tY} y_i^t + 2\alpha_{tt} t) \tag{8.10}$$

联立式（8.9）和式（8.10），可以得到 $TECHCH$：

$$TECHCH_i(t, t+1)$$

$$= \left[\begin{array}{l} \exp(\alpha_t + \alpha_{tK} k_i^{t+1} + \alpha_{tL} l_i^{t+1} + \alpha_{tY} y_i^{t+1} + 2\alpha_{tt}(t+1)) \\ \times \exp(\alpha_t + \alpha_{tK} k_i^t + \alpha_{tL} l_i^t + \alpha_{tY} y_i^t + 2\alpha_{tt} t) \end{array} \right]^{\frac{1}{2}} \tag{8.11}$$

重新整理式（8.8），我们有

$$\begin{aligned} -c_i^t = {} & \theta_i + \alpha_K k_i^t + \alpha_L l_i^t + \alpha_Y y_i^t + \alpha_t t \\ & + \alpha_{KL}[k_i^t \times l_i^t] + \alpha_{KY}[k_i^t \times y_i^t] + \alpha_{LY}[l_i^t \times y_i^t] \\ & + \alpha_{KK}[k_i^t]^2 + \alpha_{LL}[l_i^t]^2 + \alpha_{YY}[y_i^t]^2 \\ & + \alpha_{tK} t k_i^t + \alpha_{tL} t l_i^t + \alpha_{tY} t y_i^t + \alpha_{tt} t^2 - u_{it} + v_{it} \end{aligned} \tag{8.12}$$

其中，$\theta_i = \alpha_i + \ln \bar{C}$，$u_{it} \equiv \ln D_c^t(K_i^t, L_i^t, Y_i^t, C_i^t)$。在对 SFA 模型进行一般性设定之后，本章进一步假定 $v_{it} \sim N(0, \sigma_v^2)$；$u_{it} = \exp(-\eta(t-T)) u_i^*$，其中 $u_i^* \sim N^+(0, \sigma_u^2)$。由于我们没有对个体效应 α_i 施加任何假设，式（8.12）可被视为一个固定效应面板 SFA 模型。

Greene（2004，2005）提出了蛮力算法（brute force）方法来估计固定效应面板 SFA 模型。然而，应用这种方法存在两个不足：第一，当样本容量很大时，这种算法是不切实际的；第二，由于参数的数量取决于样本容量（Chen 等，2014），使用这种方法估计的方差是有偏的，就是所谓的"冗余参数问题"。鉴于上述估计方法的局限性，Wang 和 Ho（2010）提出了两种模型转换方法（一阶差分方法和组内转换）来估计固定效应面板 SFA 模型，并证明这两种方法的估计结果是一致的，两种方法也是等价的。在本章中，我们采用组内转换方法来估计本书的模型。有关该方法的技术细节，可以参考 Wang 和 Ho（2010）。

根据式（8.12），静态碳排放效率可以使用式（8.13）进行估计。

$$EEF_t = E[\exp(-u_{it}) \mid \varepsilon_{it}] \tag{8.13}$$

其中，ε_{it} 是复合误差，即 $\varepsilon_{it} = -u_{it} + v_{it}$。EEFCH 可以通过式（8.14）计算。

$$EEFCH_{t,t+1} = \frac{EEF_{t+1}}{EEF_t} = \frac{E[\exp(-u_{it+1}) \mid \varepsilon_{it+1}]}{E[\exp(-u_{it}) \mid \varepsilon_{it}]} \tag{8.14}$$

最后，根据式（8.5），MCPI 可以由 EFFCH 和 TECHCH 的估计结果计算得到。

8.3 实证分析

8.3.1 数据

本章使用 2000—2010 年中国 30 个地区的面板数据进行实证分析。劳动投入（L）来源于 CEIC 中国经济数据库，资本投入（K）采用年均资本存量来度量。其中，1997—2006 年各地区的资本存量直接采用单豪杰（2008）的测算结果，然后使用永久盘存法（PIM）估算 2007—2010 年各地区的资本存量。合意产出（Y）用各地的地区生产总值表示，来源于 CEIC 中国经济数据库。本书以 1997 年为基期，分别利用固定资产投资价格指数和地区生产总值平减指数对资本存量和地区生产总值数据进行调整。非合意产出（C）为各地区二氧化碳排放量。由于缺少官方数据，本书使用 Wu 等（2012）提出的方法，对中国各地区的二氧化碳排放量进行估算。其中，估算二氧化碳排放量的原始数据（能源消费数据）来源于各期《中国能源统计年鉴》。

8.3.2 实证结果与讨论

表 8.1 报告了固定效应 SFA 模型［式（8.12）］和混合 SFA 模型的估计结果。通过对比可以发现，固定效应 SFA 模型估计的系数与混合 SFA 模型估计的系数有很大差异。固定效应 SFA 模型的对数似然函数值高于混合 SFA 模型，表明固定效应 SFA 模型在拟合优度方面优于混合 SFA 模型。此外，似然比（LR）检验结果强烈地拒绝了混合 SFA 模型的假设，意味着混合 SFA 模型的结果是有偏的。因此，在估计中国各地区的生产前沿时，我们应考虑个体异质性。

表 8.1　参数估计结果

变量	固定效应 SFA 模型		混合 SFA 模型	
	系数	标准差	系数	标准差
α_K	− 0.002	0.454	− 0.303	0.291
α_L	0.31	0.254	0.391 **	0.167
α_Y	− 2.100 ***	0.543	− 1.420 ***	0.381
α_{KL}	0.197	0.22	0.592 ***	0.181
α_{KY}	− 0.988	0.861	− 1.721 **	0.669
α_{LY}	0.448	0.359	− 0.12	0.232
α_{KK}	0.422	0.484	0.584	0.364
α_{LL}	− 0.399 ***	0.151	− 0.271 **	0.109
α_{YY}	0.090	0.441	0.767 **	0.329
α_t	0.021	0.0586	0.033	0.027
α_{tK}	− 0.002	0.0616	− 0.014	0.039
α_{tL}	− 0.082 ***	0.0302	− 0.081 ***	0.016
α_{tY}	0.120 *	0.0646	0.119 ***	0.046
α_{tt}	0.001	0.003	− 0.001	0.002
Constant	—	—	0.613 ***	0.101
η	0.241 ***	0.0535	0.018 ***	0.005
σ_u^2	0.002	0.002	0.722 ***	0.245
σ_v^2	0.006 ***	0.000	0.010 ***	0.001
Log L	317.616		210.737	
Obs	330		330	
LR test[a]	Chi − squared = 213.758		P − value = 0.0000	

注：*、** 和 *** 表示系数分别在10%、5%、1%的水平下显著。

图 8.2 为使用固定效应 SFA 模型和混合 SFA 模型估计得到的静态碳排放绩效的箱线图。通过对比可以发现，混合 SFA 模型总体上低估了静态碳排放绩效。这主要是因为地区异质性在混合 SFA 模型中被视作无效率部分。

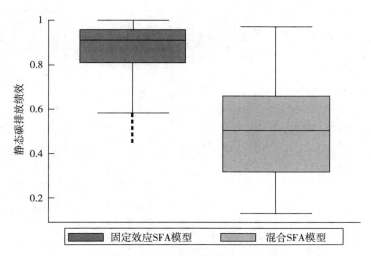

图 8.2　两个模型估计的静态碳排放绩效

表 8.2 展示了中国各地区碳排放绩效的动态变化。从表 8.2 可以看出，整个样本的平均 *MCPI* 是 1.04，表明中国整体的 *MCPI* 每年平均提高 4.1%，2010 年的碳排放绩效比 2000 年提高了 49.5%。表 8.2 的最后一行也显示，中国在"十一五"期间的碳排放绩效要优于"十五"期间。我国政府在"十一五"期间更加重视节能环保。例如，与 2005 年相比，我国政府在 2010 年宣布了强制性减排目标，即到 2010 年，将能源强度降低 20%，并将这一目标分配到中国各个省份。此外，我国政府还提出了节能计划和环境法律法规等一系列政策，以确保该目标的实现。为了检验这些政策是否有助于提高中国的碳排放绩效，我们考虑以下简约型回归：

$$MPCI_{it} = \beta \times policy + \mu_i + \varepsilon_{it} \tag{8.15}$$

其中，*policy* 是一个虚拟变量，在"十一五"期间设定为 1。μ_i 代表个体异质性。ε_{it} 是随机误差项。系数 β 表示上述政策在"十一五"期间对中国碳排放绩效的平均影响。使用面板固定效应回归，$\beta = 0.03$，并且在 1% 的水平上显著。这表明中国政府在"十一五"期间的政策对 *MCPI* 的提高具有重要作用。

表 8.2　全要素碳生产率的估计结果

地区	2000/2001年	2001/2002年	2002/2003年	2003/2004年	2004/2005年	2005/2006年	2006/2007年	2007/2008年	2008/2009年	2009/2010年	几何平均
(E)北京	1.197	1.166	1.141	1.132	1.13	1.128	1.128	1.13	1.132	1.136	1.142
(E)福建	1.003	1.012	1.022	1.033	1.045	1.058	1.073	1.088	1.101	1.116	1.054
(E)广东	1.183	1.168	1.161	1.158	1.157	1.158	1.164	1.17	1.176	1.185	1.168
(E)海南	0.916	0.922	0.929	0.936	0.943	0.952	0.964	0.977	0.988	1.001	0.952
(E)河北	1.023	1.025	1.03	1.038	1.048	1.058	1.071	1.083	1.09	1.102	1.056
(E)江苏	1.123	1.12	1.121	1.125	1.132	1.135	1.145	1.162	1.172	1.183	1.142
(E)辽宁	1.166	1.143	1.13	1.123	1.12	1.123	1.13	1.14	1.149	1.159	1.138
(E)山东	1.019	1.03	1.043	1.058	1.073	1.089	1.106	1.122	1.137	1.151	1.082
(E)上海	1.193	1.183	1.178	1.179	1.182	1.187	1.199	1.212	1.219	1.228	1.196
(E)天津	1.201	1.176	1.161	1.154	1.154	1.158	1.165	1.17	1.177	1.192	1.171
(E)浙江	1.082	1.08	1.083	1.089	1.096	1.107	1.116	1.122	1.13	1.139	1.104
(C)安徽	1.071	1.05	1.037	1.031	1.03	1.029	1.034	1.045	1.054	1.064	1.044
(C)黑龙江	1.107	1.093	1.085	1.082	1.084	1.086	1.093	1.104	1.114	1.124	1.097
(C)河南	0.971	0.975	0.981	0.99	1.002	1.016	1.03	1.043	1.055	1.067	1.012
(C)湖北	1.087	1.071	1.06	1.054	1.053	1.045	1.053	1.073	1.081	1.092	1.067
(C)湖南	0.947	0.955	0.963	0.973	0.984	0.995	1.01	1.027	1.042	1.057	0.995
(C)内蒙古	1.002	1.001	1.007	1.018	1.034	1.052	1.068	1.085	1.101	1.116	1.048
(C)江西	0.995	0.988	0.987	0.989	0.993	0.996	1.004	1.017	1.029	1.042	1.004
(C)吉林	1.043	1.034	1.031	1.031	1.034	1.038	1.051	1.07	1.081	1.091	1.05

续表

地区	2000/2001年	2001/2002年	2002/2003年	2003/2004年	2004/2005年	2005/2006年	2006/2007年	2007/2008年	2008/2009年	2009/2010年	几何平均
(C)山西	1.032	1.023	1.019	1.021	1.027	1.033	1.042	1.049	1.053	1.06	1.036
(W)重庆	1.088	1.062	1.046	1.036	1.032	1.031	1.036	1.044	1.053	1.066	1.049
(W)甘肃	1.024	1	0.983	0.975	0.971	0.972	0.975	0.98	0.986	0.993	0.986
(W)广西	0.952	0.953	0.956	0.962	0.97	0.98	0.993	1.006	1.018	1.032	0.982
(W)贵州	0.949	0.933	0.924	0.919	0.918	0.922	0.928	0.936	0.943	0.952	0.932
(W)宁夏	0.89	0.892	0.896	0.902	0.909	0.918	0.928	0.94	0.95	0.961	0.918
(W)青海	0.925	0.92	0.918	0.919	0.923	0.929	0.938	0.949	0.958	0.968	0.935
(W)陕西	0.93	0.935	0.941	0.951	0.964	0.978	0.992	1.009	1.026	1.042	0.976
(W)四川	1.014	1.007	1.004	1.006	1.01	1.017	1.026	1.036	1.047	1.061	1.023
(W)新疆	0.99	0.989	0.99	0.995	1.001	1.007	1.017	1.029	1.038	1.046	1.010
(W)云南	0.913	0.919	0.927	0.936	0.945	0.954	0.965	0.975	0.986	0.999	0.952
东部地区	1.096	1.090	1.088	1.091	1.096	1.103	1.113	1.123	1.132	1.143	1.108
中部地区	1.027	1.020	1.018	1.020	1.026	1.032	1.042	1.057	1.067	1.079	1.039
西部地区	0.966	0.960	0.958	0.959	0.964	0.970	0.979	0.990	1.000	1.011	0.975
全国平均	1.031	1.024	1.022	1.024	1.030	1.036	1.046	1.057	1.067	1.079	1.041

注：括号中的E、C和W分别代表东部地区、中部地区和西部地区。

从各地区的碳排放绩效来看，有21个地区的平均MCPI大于1，意味着这21个地区的碳排放绩效在样本期间有所提高。其中，上海MCPI升幅最大，平均值为1.196，其次为天津（1.171）和广东（1.168），它们都来自中国东部地区。该地区MCPI普遍比中西部地区高，表明经济发展较好的东部地区，碳排放绩效也处于领先地位。总体而言，2000—2010年东部地区MCPI平均每年提高10.8%。除湖南省以外的中部地区，MCPI也有所提高，其平均值为3.9%，远远小于东部地区。西部地区的MCPI最低。该地区9个省份中，有7个省份的MCPI出现了恶化。其中，宁夏和贵州的平均值分别仅为0.918和0.932，在30个地区中的表现最差。Wang等（2010）研究发现西部地区碳排放绩效最差，但MCPI仍有所提高。与Wang等（2010）的结论不同，本章的实证结果表明，西部地区的二氧化碳排放量绩效一直在恶化。

作为对比，我们还使用Zhou等（2010）构建的DEA方法来估计中国各省份的MCPI（见表8.3）。图8.3比较了本章和Zhou等（2010）的方法计算的全国平均结果的差异。可以看出，总体而言，Zhou等（2010）的方法计算的MCPI低于本章的结果。此外，用本章方法计算的结果随着时间的变化更为平缓，这主要是因为本章的模型考虑了统计噪声。相反，DEA方法不考虑任何随机扰动，因此其结果容易受到宏观经济数据中常见的统计误差的影响。因此，用DEA方法计算的MCPI的剧烈变化可能仅仅是测量误差和异常值等数据缺陷引起的。因此，用如果使用DEA方法，则难以探究MCPI的真实变化。

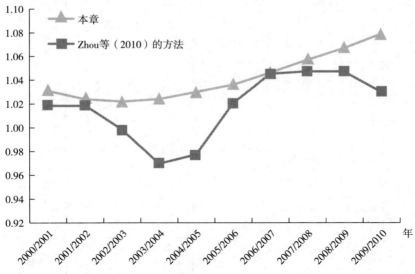

图8.3 两种模型估计的中国MCPI

表 8.3 基于 bootstrapping DEA 计算的全要素碳生产效率

地区	2000/2001年	2001/2002年	2002/2003年	2003/2004年	2004/2005年	2005/2006年	2006/2007年	2007/2008年	2008/2009年	2009/2010年	几何平均
(E)北京	1.044*	1.059*	1.069*	1.159*	1.110*	1.084*	1.087*	1.123*	1.106*	1.083*	1.092
(E)福建	NA	NA	0.949	0.948	0.878	1.053*	1.016*	1.070*	0.982*	1.067*	0.993
(E)广东	NA	NA	NA	NA	NA	NA	NA	NA	NA	NA	NA
(E)海南	1.096*	0.821	0.902	0.868	1.374*	0.956*	0.919*	0.970*	1.022*	1.026*	0.986
(E)河北	1.023*	0.983*	0.966*	0.996*	0.912	1.048*	1.049*	1.044*	1.042*	0.958	1.001
(E)江苏	NA	NA	NA	0.918*	0.918*	1.024*	1.118*	1.088*	1.090*	0.991*	1.035
(E)辽宁	1.185*	1.161*	1.069*	1.012*	1.046*	1.078*	1.036*	1.096*	1.052*	1.030*	1.075
(E)山东	0.852*	0.977	0.940*	0.926*	0.788	1.018	1.058*	1.058*	1.094*	1.013*	0.968
(E)上海	NA	NA	NA	NA	NA	NA	NA	NA	NA	NA	NA
(E)天津	1.135*	1.157*	1.153*	0.982*	1.063*	1.082*	1.094*	1.114*	1.077*	1.028*	1.087
(E)浙江	1.081*	1.107*	1.075*	0.936*	0.961*	1.009*	1.018*	1.080*	1.032*	1.024*	1.031
(C)安徽	1.030*	1.053*	0.967*	1.107*	1.036*	1.046*	1.025*	1.005*	1.015*	1.044*	1.032
(C)黑龙江	1.158*	1.118*	0.988*	1.004*	1.010*	1.038*	1.053*	1.031*	1.098*	1.051*	1.054
(C)河南	0.973*	0.99	0.982	0.878	0.954	1.018	1.026*	1.073*	1.078*	1.040*	0.999
(C)湖北	1.106*	1.020*	0.976	1.011*	1.024*	1.010*	1.024*	1.130*	1.051*	0.927	1.027
(C)湖南	0.937	1.004	0.962	0.875	0.802	1.061*	1.051*	1.091*	1.089*	1.063*	0.989
(C)内蒙古	NA	NA	NA	0.839	0.993	1.005	1.044*	0.958*	1.100*	1.051*	0.995
(C)江西	0.951*	0.982	0.917	0.954	1.047*	0.993	0.974	1.118*	1.023*	1.062*	1.001
(C)吉林	1.024*	1.054*	1.453*	0.691	0.895	1.047	1.075*	1.119*	1.104*	1.014*	1.032

续表

地区	2000/2001年	2001/2002年	2002/2003年	2003/2004年	2004/2005年	2005/2006年	2006/2007年	2007/2008年	2008/2009年	2009/2010年	几何平均
(C)山西	0.896	0.886	1.028*	1.036*	1.079*	1.028*	1.168*	1.002*	1.002*	1.073*	1.017
(W)重庆	1.168*	1.079*	1.297*	0.987	0.938	1.025*	1.060*	0.88	1.066*	1.120*	1.056
(W)甘肃	0.989*	1.046*	0.976	0.99	1.041*	1.021*	1.038*	1.054*	1.127*	0.897	1.016
(W)广西	0.976*	1.112*	0.93	0.784	1	1.022	1.015	1.133*	0.998*	0.961*	0.989
(W)贵州	1.118*	1.039*	0.846	0.956	1.028*	0.958	1.101*	1.199*	0.987	1.102*	1.029
(W)宁夏	0.871	0.912	0.868	1.207*	1.024*	1.019*	1.046*	0.966*	1.050*	0.958	0.988
(W)青海	0.93	1.080*	0.991*	0.977*	1.137*	0.909	1.065*	0.9	1.079*	1.190*	1.021
(W)陕西	0.949	0.976	0.965	0.885	1.024*	1.038*	1.034*	1.014*	1.035*	0.975*	0.989
(W)四川	1.066*	0.96	0.979	0.897	1.137*	1.018*	1.029*	0.996*	1.017*	1.056*	1.014
(W)新疆	1.058*	1.024*	1.013*	0.952	1.005*	1.000*	1.043*	1.011*	0.919	1.011*	1.003
(W)云南	0.95	0.952	0.88	1.651*	0.497	0.994	1.022*	1.067*	1.002*	1.068*	0.973
东部地区	1.054	1.031	1.012	0.975	0.993	1.038	1.042	1.070	1.055	1.024	1.029
中部地区	1.006	1.011	1.024	0.925	0.979	1.027	1.048	1.057	1.061	1.035	1.017
西部地区	1.004	1.016	0.968	1.008	0.962	1.000	1.045	1.018	1.027	1.030	1.007
全国平均	1.018	1.019	0.998	0.970	0.977	1.021	1.045	1.047	1.047	1.030	1.017

注：括号中的E、C和W分别代表东部地区、中部地区和西部地区，NA代表不存在可行解，*表示MCPI在10%的水平显著不等于1。

为了检验中国各地区的 MCPI 是否收敛，本章进一步计算了不同样本的变异系数，结果如图 8.4 所示。观察可知，所有样本的变异系数都在逐年下降，证明 MCPI 是 σ 收敛的。这意味着碳排放绩效落后的省份将逐渐赶上前沿省份。比较不同地区的收敛速度，我们可以发现东部地区的收敛速度最快，其次是中部地区，西部地区的收敛速度最慢。

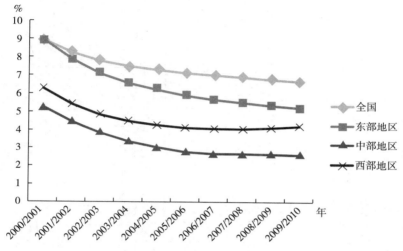

图 8.4　MCPI 的收敛性检验

表 8.4 和表 8.5 报告了技术变化（TECHCH）和效率变化（EFFCH）的估计结果。观察表 8.4 可知，全国整体的环境技术水平在"十五"期间呈现下降趋势，而在"十一五"期间呈现上升趋势。TECHCH 在整个样本期间的均值为 1.004，与 1 十分接近，表明每年中国在二氧化碳减排方面的技术进步比较缓慢。表 8.4 也表明，各地的绩效差异很大。东部地区除海南以外的其他省份均表现为技术进步。上海的 TECHCH 平均值为 1.152，技术进步最快，其次是广东（1.108）和江苏（1.102）。这三个地区的技术水平每年都有超过 10% 的提高。在中部地区，只有黑龙江、湖北、吉林、内蒙古等地实现了技术进步。至于欠发达地区，所有省份的平均 TECHCH 均低于 1，表明在抽样期间技术水平有所下降。这些结果是相当合理的。如上文所述，东部大部分省份经济发达，具有较强的技术创新能力。另外，随着收入水平的提高，东部省份更加重视环境保护。因此，这些省份的产业升级较快，使高耗能、高污染型产业转移到欠发达地区。相反，中西部地区仍处于经济发展的初级阶段。高耗能、高污染型产业的份额越来越大，不可避免地会在生产中产生更多的碳排放。结果，它们在碳排放方面的技术水平有所下降。

表8.4　低碳技术变化成分

地区	2000/2001年	2001/2002年	2002/2003年	2003/2004年	2004/2005年	2005/2006年	2006/2007年	2007/2008年	2008/2009年	2009/2010年	几何平均
(E)北京	1.04	1.044	1.045	1.057	1.071	1.082	1.091	1.101	1.109	1.118	1.075
(E)福建	0.994	1.005	1.016	1.029	1.041	1.055	1.071	1.086	1.099	1.114	1.050
(E)广东	1.045	1.059	1.075	1.09	1.103	1.116	1.13	1.144	1.155	1.169	1.108
(E)海南	0.896	0.906	0.916	0.925	0.935	0.946	0.959	0.973	0.985	0.998	0.943
(E)河北	0.973	0.985	0.998	1.013	1.028	1.042	1.058	1.072	1.082	1.095	1.034
(E)江苏	1.035	1.049	1.065	1.081	1.097	1.107	1.123	1.144	1.158	1.172	1.102
(E)辽宁	1.008	1.02	1.033	1.046	1.06	1.075	1.092	1.109	1.124	1.14	1.070
(E)山东	1.009	1.022	1.036	1.052	1.069	1.086	1.104	1.12	1.135	1.149	1.077
(E)上海	1.095	1.105	1.116	1.13	1.143	1.156	1.175	1.192	1.203	1.216	1.152
(E)天津	1.013	1.029	1.046	1.063	1.082	1.1	1.119	1.133	1.148	1.169	1.089
(E)浙江	1.013	1.026	1.04	1.055	1.069	1.085	1.098	1.108	1.119	1.13	1.074
(C)安徽	0.925	0.936	0.947	0.96	0.973	0.984	0.999	1.017	1.032	1.046	0.981
(C)黑龙江	0.981	0.993	1.007	1.02	1.035	1.047	1.062	1.08	1.094	1.109	1.042
(C)河南	0.934	0.946	0.958	0.972	0.987	1.004	1.021	1.035	1.049	1.062	0.996
(C)湖北	0.958	0.97	0.981	0.992	1.004	1.006	1.022	1.048	1.062	1.076	1.011
(C)湖南	0.932	0.943	0.953	0.965	0.978	0.99	1.006	1.024	1.039	1.055	0.988
(C)内蒙古	0.929	0.943	0.961	0.982	1.005	1.028	1.049	1.07	1.089	1.106	1.014
(C)江西	0.911	0.922	0.934	0.948	0.96	0.97	0.983	1.001	1.016	1.031	0.967
(C)吉林	0.948	0.959	0.972	0.985	0.997	1.009	1.028	1.051	1.066	1.08	1.009

续表

地区	2000/2001年	2001/2002年	2002/2003年	2003/2004年	2004/2005年	2005/2006年	2006/2007年	2007/2008年	2008/2009年	2009/2010年	几何平均
(C)山西	0.925	0.938	0.953	0.968	0.985	1	1.015	1.028	1.036	1.047	0.989
(W)重庆	0.918	0.93	0.942	0.954	0.967	0.98	0.995	1.011	1.027	1.045	0.976
(W)甘肃	0.876	0.885	0.893	0.903	0.915	0.927	0.94	0.952	0.964	0.976	0.923
(W)广西	0.905	0.915	0.926	0.938	0.951	0.965	0.981	0.996	1.011	1.025	0.961
(W)贵州	0.835	0.844	0.853	0.863	0.874	0.887	0.9	0.914	0.926	0.938	0.883
(W)宁夏	0.85	0.86	0.871	0.882	0.893	0.905	0.918	0.932	0.944	0.956	0.900
(W)青海	0.849	0.86	0.871	0.881	0.893	0.905	0.919	0.933	0.946	0.958	0.901
(W)陕西	0.903	0.913	0.924	0.937	0.953	0.969	0.985	1.003	1.021	1.039	0.964
(W)四川	0.924	0.935	0.948	0.961	0.975	0.989	1.004	1.018	1.032	1.05	0.983
(W)新疆	0.941	0.95	0.96	0.971	0.982	0.992	1.004	1.019	1.03	1.04	0.988
(W)云南	0.9	0.909	0.919	0.929	0.939	0.949	0.961	0.973	0.984	0.997	0.945
东部地区	1.010	1.022	1.034	1.048	1.062	1.076	1.091	1.106	1.118	1.132	1.069
中部地区	0.938	0.950	0.963	0.977	0.991	1.004	1.020	1.039	1.053	1.068	0.999
西部地区	0.889	0.899	0.910	0.921	0.933	0.946	0.960	0.974	0.988	1.002	0.942
全国平均	0.947	0.958	0.970	0.983	0.997	1.010	1.025	1.041	1.054	1.068	1.004

注：括号中的E、C和W分别代表东部地区，中部地区和西部地区。

表 8.5　碳效率变化成分

地区	2000/2001年	2001/2002年	2002/2003年	2003/2004年	2004/2005年	2005/2006年	2006/2007年	2007/2008年	2008/2009年	2009/2010年	几何平均
(E)北京	1.151	1.117	1.091	1.071	1.055	1.043	1.034	1.027	1.021	1.016	1.062
(E)福建	1.01	1.008	1.006	1.005	1.004	1.003	1.002	1.002	1.001	1.001	1.004
(E)广东	1.132	1.103	1.08	1.062	1.049	1.038	1.03	1.023	1.018	1.014	1.054
(E)海南	1.022	1.018	1.014	1.011	1.009	1.007	1.005	1.004	1.003	1.003	1.010
(E)河北	1.052	1.041	1.032	1.025	1.02	1.015	1.012	1.01	1.008	1.006	1.022
(E)江苏	1.086	1.067	1.052	1.041	1.032	1.025	1.02	1.015	1.012	1.01	1.036
(E)辽宁	1.156	1.121	1.094	1.073	1.057	1.045	1.035	1.027	1.021	1.017	1.064
(E)山东	1.01	1.008	1.006	1.005	1.004	1.003	1.002	1.002	1.002	1.001	1.004
(E)上海	1.09	1.07	1.055	1.043	1.034	1.026	1.021	1.016	1.013	1.01	1.037
(E)天津	1.185	1.143	1.111	1.086	1.067	1.052	1.041	1.032	1.025	1.02	1.075
(E)浙江	1.067	1.053	1.041	1.032	1.025	1.02	1.016	1.012	1.01	1.008	1.028
(C)安徽	1.158	1.122	1.095	1.074	1.058	1.045	1.035	1.028	1.022	1.017	1.064
(C)黑龙江	1.129	1.1	1.078	1.061	1.047	1.037	1.029	1.023	1.018	1.014	1.053
(C)河南	1.039	1.031	1.024	1.019	1.015	1.012	1.009	1.007	1.006	1.004	1.017
(C)湖北	1.134	1.104	1.081	1.063	1.049	1.039	1.03	1.024	1.019	1.015	1.055
(C)湖南	1.016	1.013	1.01	1.008	1.006	1.005	1.004	1.003	1.002	1.002	1.007
(C)内蒙古	1.078	1.061	1.048	1.037	1.029	1.023	1.018	1.014	1.011	1.009	1.033
(C)江西	1.092	1.072	1.056	1.044	1.034	1.027	1.021	1.017	1.013	1.01	1.038
(C)吉林	1.099	1.078	1.061	1.047	1.037	1.029	1.023	1.018	1.014	1.011	1.041

续表

地区	2000/2001年	2001/2002年	2002/2003年	2003/2004年	2004/2005年	2005/2006年	2006/2007年	2007/2008年	2008/2009年	2009/2010年	几何平均
(C)山西	1.116	1.09	1.07	1.055	1.043	1.034	1.026	1.021	1.016	1.013	1.048
(W)重庆	1.184	1.143	1.111	1.086	1.067	1.052	1.041	1.032	1.025	1.02	1.075
(W)甘肃	1.169	1.131	1.101	1.079	1.062	1.048	1.038	1.029	1.023	1.018	1.069
(W)广西	1.053	1.042	1.033	1.026	1.02	1.016	1.012	1.01	1.008	1.006	1.022
(W)贵州	1.137	1.106	1.083	1.065	1.05	1.039	1.031	1.024	1.019	1.015	1.056
(W)宁夏	1.047	1.037	1.029	1.023	1.018	1.014	1.011	1.009	1.007	1.005	1.020
(W)青海	1.09	1.07	1.055	1.043	1.034	1.026	1.021	1.016	1.013	1.01	1.037
(W)陕西	1.03	1.024	1.019	1.015	1.012	1.009	1.007	1.006	1.004	1.004	1.013
(W)四川	1.097	1.076	1.059	1.046	1.036	1.028	1.022	1.018	1.014	1.011	1.040
(W)新疆	1.052	1.041	1.032	1.025	1.02	1.016	1.012	1.01	1.008	1.006	1.022
(W)云南	1.014	1.011	1.009	1.007	1.006	1.004	1.003	1.003	1.002	1.002	1.006
东部地区	1.086	1.067	1.052	1.041	1.032	1.025	1.020	1.015	1.012	1.010	1.036
中部地区	1.095	1.074	1.058	1.045	1.035	1.028	1.022	1.017	1.013	1.011	1.039
西部地区	1.086	1.067	1.053	1.041	1.032	1.025	1.020	1.016	1.012	1.010	1.036
全国平均	1.089	1.069	1.054	1.042	1.033	1.026	1.020	1.016	1.013	1.010	1.037

注：括号中的 E、C 和 W 分别代表东部地区、中部地区和西部地区。

观察表 8.5 可知，在效率变化方面，样本期间，30 个省份的 EFFCH 平均值为 1.037，意味着与 2000 年相比，2010 年中国的平均效率提高了 3.7%。比较不同地区的 EFFCH 可以发现，中部地区排名最高，其次是东部和西部地区。总体而言，三大地区的 EFFCH 差距相对较小。天津和重庆在 EFFCH 中表现最好，平均值为 1.075。相反，山东和福建的平均值仅为 1.004。将表 8.2、表 8.3 和表 8.4 综合起来，我们可以发现，总体上，效率变化是中国碳排放绩效提高的主要来源。然而，这一结论并不适用于东部地区，该地区的技术进步是碳排放绩效提高的主要动力。

8.4 结语

本章首先基于 Zhou 等（2010）的分析框架和固定效应 SFA 模型，构建了一个参数化的 Malmquist 指数方法。该模型不仅考虑了统计噪声，而且考虑了区域异质性。

其次，本章使用上述模型对 2000—2010 年中国 30 个地区的碳排放绩效进行研究，主要结论如下：一是样本期间，中国 30 个地区的碳排放绩效平均每年提高 4.1%，并且主要是由效率变化部分驱动的。效率变化使 MCPI 每年提高 3.7%，相对而言，技术进步的贡献微不足道。二是不同区域的碳排放绩效存在明显差异。中国东部地区碳排放绩效增幅最大，平均 MCPI 为 1.108，其次是中部地区（1.039），表明中国东部和中部地区碳排放绩效有所提高。具体来说，东部地区的提高主要来源于技术的进步，而中部地区则主要来自效率的提高。相反，西部地区 MCPI 的平均值小于 1，意味着西部地区碳排放绩效在样本期间有所恶化。三是各省的碳排放绩效存在收敛的特征。

本章的研究结论主要有以下政策含义：第一，与以前一样，技术变化对 MCPI 的影响仍然较小，中国政府应加大教育和研发领域的资金投入力度，激励企业采用绿色生产技术。第二，由于落后地区的碳排放绩效出现了恶化，中央政府应当支持推动落后地区的低碳经济发展。第三，区域碳排放绩效差异很大，政府应采取一些政策措施，促进区域间的技术扩散。

最后，本章主要致力于构建评估中国碳排放绩效的动态模型。更进一步的研究是对影响中国地区碳排放绩效的因素与其作用机理进行识别，这将可以为中国节能减排政策的制定提供更具有操作性的参考。

9 中国地区能源和碳排放综合绩效评估：基于市场化改革的视角

9.1 引言

1978 年改革开放以来，中国走上了渐进式的改革道路并逐渐由计划经济向市场经济过渡。受益于这些政策，中国经济发展取得了显著成就。国家统计局的数据显示，中国的真实 GDP 在 1978—2013 年增长了约 26 倍。伴随着如此显赫的经济发展成就，中国的能源消费也呈现快速上升态势，从而导致二氧化碳排放量的大规模增长。根据英国石油公司的统计报告，中国的一次能源消费量已经由 1978 年的 396 百万吨油当量增长到 2013 年的 2852 百万吨油当量。与此同时，中国的二氧化碳排放量由 1978 年的 1429 百万吨增长到 2013 年的 9524 百万吨。自 2007 年起，中国超越了美国，成为世界上二氧化碳排放量最大的国家（Choi 等，2012）。

迅速增长的能源消费量和二氧化碳排放量已经成为中国经济持续发展所面临的问题，并且中国目前还处于工业化发展阶段，不可避免地需要更多的能源消费（Li 和 Lin，2013），这也就使中国在下一个十年中将面临更加严峻的能源和环境问题。人们已经普遍意识到，提高能源效率以及二氧化碳排放效率对于中国应对能源挑战和环境污染是至关重要的。因此，评价中国在能源使用和二氧化碳排放方面的能源效率是一个不可或缺的环节。这也是本章重点关注的问题。不少研究者已经尝试使用各种模型来衡量中国地区层面和产业层面的能源绩效及二氧化碳排放绩效。例如，基于产出导向的 DEA 模型，Hu 和 Wang（2006）提出用全要素能源效率指数来评测中国 29 个行政区域在 1995—2002 年的能源绩效。Wu 等（2012）在考虑非期望产出的基础上构建了静态能源绩效指标和动态能源绩效指标，测度了中国地区工业行业在 1997—2008 年的能源绩效。基于非径向方向距离函数，Wang 等（2013a）在不同生产技术情景下分析了 2006—2010 年中国地区的能源效率及生产率。Lin 和 Du（2014）使用潜类别（latent class）随机前沿分析法对中国 30 个行政区域在 1997—2010 年的能源效率进行了测算。

在二氧化碳排放绩效方面，Guo 等（2011）使用环境 DEA 模型研究了中国地区在 2005—2007 年的二氧化碳排放效率。基于不同评价导向，Wang 等（2012b）提出了一系列效率模型，考察了中国地区的经济效益和二氧化碳排放绩效。Wang 等（2013f）使用了方向性距离函数，并结合随机前沿分析法考察了 1995—2009 年中国地区二氧化碳排放效率。

除了上文提及的分别研究中国能源绩效和二氧化碳排放绩效的文献，还有许多将两者进行结合的研究。例如，Zhang 和 Choi（2013b）提出了两类基于松弛测度的效率指标，对中国 2001—2010 年的地区能源和环境（包括二氧化碳、二氧化硫及化学需氧量）绩效进行了考察。Choi 等（2012）使用 SBM - DEA 方法测算了中国在 2001—2010 年的地区能源效率、二氧化碳排放效率及减排成本。Wang 等（2013d）使用范围调整型模型（Range - adjust ed Model，RAM）评估了 2006—2010 年中国地区能源和二氧化碳排放绩效。Wang 等（2013b）使用了多方向（multi - directional）的 DEA 模型估计了中国地区 1997—2010 年的能源效率和二氧化碳排放效率。

已有的研究为我们提供了许多富有价值的观点。虽然在此前的文献中，研究者使用了不同的模型或者方法，但我们还是可以总结出以下几个共同结论：首先，总体上，中国的能源效率和二氧化碳排放效率仍处于较低的水平；其次，中国大部分地区存在能源无利用效率或者二氧化碳排放无效率；最后，中国地区间能源利用绩效和二氧化碳排放绩效存在较大的差异。目前，大多数已有文献聚焦于对我国地区能源利用绩效和二氧化碳排放绩效的考察。据笔者所知，到目前为止，只有少数文献对中国地区能源和二氧化碳排放绩效的影响因素进行了分析，特别是中国市场化改革与中国地区能源和二氧化碳排放绩效之间关系的量化研究尚存空缺。对这一问题的研究不仅有助于我们更好地理解中国地区的能源和二氧化碳排放绩效，而且能够为我国能源和环境政策的制定提供理论依据。因此，本章将对市场化改革是否影响中国地区能源和二氧化碳排放绩效这一问题展开实证研究。基于得出的实证结果，我们有针对性地提出了政策建议。此外，Zhou 等（2012b）和 Zhang 等（2014a）发展了新型综合效率指标，这是对现有文献的重要补充。

9.2　中国市场化改革历程及特征

在 1978 年实施全面经济改革之前，中国采用了中央集权化的计划经济体制，其特点可总结如下：首先，中央政府统一调控宏观经济，通过制订"五年计划"来直接指导和管理经济的方方面面。"五年计划"的执行由各个层面的计划委员会负责监督。各级政府通过建立人民公社（生产队）和国有企业来组织生产活动。其次，国家公有制规定了生产资料（土地、资本、矿物资源和劳动力）为全民所有并由政府进行分配。再次，在计划经济体制下，资源、产品和服务的价格由政府统一制定。为了实现重工业导向型的发展，原材料和生活必备品会人为地被低估。最后，中国政府确立了均等主义的收入分配制度。

显而易见，在推行全面经济改革之前，中国的经济政策有悖于市场运行规律，这也使中国经济发展停滞了数十年。为了振兴经济，中国政府在 1978 年开始推行全面的经济改革。不同于东欧的"休克疗法"，中国的市场化改革被认为是一个渐进的过程。改革的第一步是在农村地区实施家庭联产承包责任制。家庭联产承包责任制即将土地使用权分配给农民，允许他们自行制订生产计划并获得生产成果。由于家庭联产承包责任制的激励，中国农业部门的经济迅速发展起来。随着家庭联产承包责任制的成功实施，这项改革开始逐步推广至城市工业部门（Hou，2011）。此后，诸多类似的经营责任制改革逐渐推广开来。除此之外，私企也开始被允许参与到经济的运营和发展中。

尽管市场配置资源的范围得到了扩大，但是在改革的初始阶段，中央集中化的经济制度仍未被真正触动（Qian 和 Wu，2000），其中一个非常重要的事实就是价格双轨制的存在。随着改革的不断深入，价格双轨制最终在 1992 年得以废除。此后，中国政府决定废除计划经济制度并建立社会主义市场经济体制，这也是改革的核心目标。此后，市场经济不断完善。目前，在产品市场，大部分商品的价格已经由供给和需求决定。根据 Li（2006）的统计，超过 90% 的产品价格已经由自由市场决定。从这个角度来说，产品市场的市场化改革已经基本达成。

与产品市场相比，要素市场的发展就滞后了许多。在生产要素领域，政府仍然主导着要素资源的初始配置及要素价格的制定，特别是土地、电力、天然气等自然资源价格的制定仍受到政府的管制，价格长期以来处于低估状态，要素市场的改革滞后于产品市场改革（张杰等，2011a、2011b）。张曙光和程炼（2010）从政治经济学的角度论证了我国要素市场扭曲的原因及其对财富转移的影响。他们认为，除了体制的惯性，要素市场的管制很大程度上是"增长"和"稳定"两大经济政策导向的产物；低廉的生产要素扩大了其使用者的利益，不但有助于刺激投资、扩大生产，而且是中国产品在国际市场中竞争力的主要来源。另外，对要素价格的管制能够在一定程度上抑制经济过热导致的物价上涨。因此，"以增长为竞争"的地方政府普遍存在通过管制要素价格来推动经济短期增长的动机。土地、资本、能源等要素市场依然存在价格扭曲，特别是在能源市场，改革的进程非常缓慢。在过去的几十年里，能源（例如，煤、石油、天然气和电力）的价格依然由政府管控（甚至直接决定）。直到最近几年，能源领域的改革还很不充分。

中国市场化改革的另一个重要特征是改革通常先在特定地区进行试验，然后才逐渐推广到全国。具体而言，中国的市场化改革最初是在东部沿海地区试行的。在这些地方的试行成功之后，改革才逐步被引入中部地区并最终推广至全国。例如，中国政府在沿海省份建立了一些经济特区，并逐渐将经验推广到其他地区。作为经济特区的先锋，东部地区省份在经济上得到了良好的发展；与此相比，许多中部省份则显得相对不太发达，而西部省份则比较落后（Du等，2014）。

9.3　研究方法和数据

9.3.1　非径向方向距离函数

数据包络分析（DEA）是进行能源和环境绩效评价的一个强有力的工具。[①] 从方法上讲，DEA 是一种非参数的方法，它利用线性规划分析来预测最优表现边界。被评估决策单元的相对效率则可以通过它到最优表现边界的距离来测定（Chen 和 Golley，2014）。传统的 DEA 模型主要建立在期望产出和非期望产出同比例扩张的谢泼德距离函数上。这就意味着非期望产出不能被减少（Zhang 和 Choi，2014）。因此，传统的 DEA 模型在评价能源和环境绩效时存在局限性。[②] 为了克服这一问题，Chung 等（1997）提出了方向距离函数（DDF）。方向距离函数区分了期望产出和非期望产出的强可处置性与弱可处置性。除此之外，方向距离函数允许期望产出的增加与非期望产出（或者投入）的减少同时发生。因此，方向距离函数在有关环境问题的实证应用中非常流

[①] 这里，我们仅对相关方法论的发展进行简要回顾。现有文献已经综述了 DEA 方法在能源和环境领域中的运用，例如 Zhou 等（2008）、Song 等（2012）、Zhang 和 Choi（2014）。

[②] 我们也注意到 Zhou 等（2010）提出的一种特殊的距离函数（谢泼德碳方向距离函数）可以克服这一问题。这种距离函数允许在投入和期望产出不变的情况下追求二氧化碳排放的最大缩减。本质上，谢泼德碳方向距离函数是非径向方向距离函数的一个特例。

行。相关研究包括 Boyd 和 McClelland（1999）、Färe 等（2007）、Ogginoi 等（2011）和 Riccardi 等（2012）。虽然方向距离函数具有许多优点，但其存在的一个局限性是要求期望产出的扩张和非期望产出（或者投入）的缩减保持同比例（Du 等，2014）。从这个角度而言，方向距离函数是一种径向的效率评价方法，可能会低估决策单元的无效率程度。针对传统方向距离函数的局限性，Zhou 等（2012b）提出了非径向方向距离函数。与方向距离函数相比，非径向方向距离函数允许投入、期望产出与非期望产出的不同比例调整。因此，Zhou 等（2012b）认为，非径向方向距离函数比传统方向距离函数具有更强的鉴别能力。Zhang 等（2013）、Zhang 和 Choi（2013a）对非径向方向距离函数进行了不同方面的扩展。

考虑到非径向方向距离函数的显著优势，我们在本章中将采用该方法。假设有 N 个待评价的地区，每个地区都被认为是独立的决策单元。每个决策群使用资本（K）、劳动力（L）和能源（E）来生产期望产品（Y）。与此同时，整个生产过程中产生了副产品，即非期望产出二氧化碳（C）。根据 Färe 等（1989）提出的联合生产框架，生产技术可以表示为

$$P = \{(K,L,E,Y,C) : (K,L,E) \text{ 可以生产 } (Y,C)\}$$

技术上，集合 P 通常被假设具有以下性质：

（1）集合 P 是有界闭集。这就意味着有限的投入只能生产出有限的产出。

（2）如果 $C = 0$ 且 $(K,L,E,Y,C) \in P$，那么 $Y = 0$，表示期望产出与非期望产出的零结合性。这就意味着期望产出的生产一定伴随着非期望产出的出现。

（3）如果 $(K,L,E,Y,C) \in P$ 且 $Y' < Y$，那么 $(K,L,E,Y',C) \in P$。这个性质被认为是投入和期望产出的强可处置性，即多余的投入和期望产出可以无成本地处置掉。

（4）如果 $(K,L,E,Y,C) \in P$，且 $\alpha \in [0,1]$，那么 $(K, L, E, \alpha Y, \alpha C) \in P$。这个性质称为非期望产出的弱可处置性，意味着非期望产出可以被有成本地清理。

根据 Zhou 等（2012b）、Zhang 等（2013）、Zhang 和 Choi（2013a），非径向方向距离函数可以被定义为

$$\vec{D}(K,L,E,Y,C;g) = \sup_{\beta \geq 0}\{w^T\beta : (K,L,E,Y,C) + diag(\beta) \cdot g \in P\}$$

$$(9.1)$$

其中，$\beta = (\beta_K,\beta_L,\beta_E,\beta_Y,\beta_C)^T$，是规模因子，测度了评价单元偏离最优生产状

态的程度；$diag(\beta)$ 表示用于 β 为向量的对角矩阵；$g = (g_K, g_L, g_E, g_Y, g_C)^T$，是方向向量，决定每个投入/产出的缩减或者扩张的方向；$w = (w_K, w_L, w_E, w_Y, w_C)^T$，代表分配给每个投入/产出的权重向量。

方向向量（g）和权重向量（w）可以有多种不同的设定方式，研究者往往根据其不同的研究目标或者政策导向选择合适的方向向量和权重向量。为了评价中国地区经济的能源和二氧化碳排放绩效，本章使用 Zhou 等（2012b）、Zhang 等（2014a）提出和发展的能源—碳排放绩效指数（ECPI）。对于 ECPI 而言，方向向量 g 被设置为 $(0, 0, -E, Y, -C)$，权重向量 w 被设置为 $(0, 0, 1/3, 1/3, 1/3)$。这种设置强调了能源投入、期望产出以及非期望产出的无效率。假设 $\beta^{**} = (\beta_E^{**}, \beta_Y^{**}, \beta_C^{**})$ 是式（9.1）在 $g = (0, 0, -E, Y, -C)$ 和 $w = (0, 0, 1/3, 1/3, 1/3)$ 情形下的最优解。

根据 Zhou 等（2012b）和 Zhang 等（2014a），ECPI 可以表示为

$$ECPI = \frac{1/2[(1 - \beta_E^{**}) + (1 - \beta_C^{**})]}{1 + \beta_Y^{**}} \tag{9.2}$$

由式（9.1）和式（9.2）我们容易得到 ECPI 的值为 $0 \sim 1$。ECPI 的值越高，意味着越高的能源—碳排放绩效。当 ECPI 值等于 1 时，被评测地区处于生产边界，是最优的能源—碳排放表现。

技术上，ECPI 可以通过 DEA 类的模型计算出来。考虑到作为评价基准的生产边界的可比性，我们采用 Oh（2010）提出的全局环境 DEA 方法。全局环境 DEA 方法使用整个样本来构建一个固定的基准技术前沿。这种思路可追溯到 Berg 等（1992）。Zhang 等（2014b）使用相同的方法来测度全要素的生态能源效率。根据 Oh（2010），规模报酬不变的全局环境生产技术可以表示为

$$P^g = \{(K, L, E, Y): \sum_{t=1}^{T}\sum_{n=1}^{N} \lambda_{n,t} K_{n,t} \leqslant K$$

$$\sum_{t=1}^{T}\sum_{n=1}^{N} \lambda_{n,t} L_{n,t} \leqslant L$$

$$\sum_{t=1}^{T}\sum_{n=1}^{N} \lambda_{n,t} E_{n,t} \leqslant E$$

$$\sum_{t=1}^{T}\sum_{n=1}^{N} \lambda_{n,t} Y_{n,t} \geqslant Y$$

$$\sum_{t=1}^{T}\sum_{n=1}^{N} \lambda_{n,t} C_{n,t} = C$$

$$\lambda_{n,t} \geqslant 0, n = 1, \cdots, N, t = 1, \cdots, T\} \tag{9.3}$$

基于以上全局环境生产技术，$ECPI$ 可以通过求解以下线性规划问题得到：

$$\vec{D}(K,L,E,Y,C) = \max \frac{1}{3}\beta_E + \frac{1}{3}\beta_Y + \frac{1}{3}\beta_C$$

$$\text{s. t.} \quad \sum_{t=1}^{T}\sum_{n=1}^{N}\lambda_{n,t}K_{n,t} \leqslant K$$

$$\sum_{t=1}^{T}\sum_{n=1}^{N}\lambda_{n,t}L_{n,t} \leqslant L$$

$$\sum_{t=1}^{T}\sum_{n=1}^{N}\lambda_{n,t}E_{n,t} \leqslant E - \beta_E E$$

$$\sum_{t=1}^{T}\sum_{n=1}^{N}\lambda_{n,t}Y_{n,t} \geqslant Y + \beta_Y Y$$

$$\sum_{t=1}^{T}\sum_{n=1}^{N}\lambda_{n,t}C_{n,t} = C - \beta_C C$$

$$\lambda_{n,t} \geqslant 0, n = 1,\cdots,N, t = 1,\cdots,T\} \tag{9.4}$$

9.3.2 计量模型、变量和数据

本章的实证分析收集了中国 30 个地区 1997—2009 年的面板数据。[①] 我们选择地区生产总值作为期望产出的代理变量。地区生产总值原始数据来自 CEIC 数据库。利用各地区生产总值指数，地区生产总值原始数据进一步被折算成 1997 年不变价格的实际地区生产总值。由于没有中国地区层面的二氧化碳排放量的官方数据，我们根据 Wu 等（2012）的方法进行估算，原始数据来自历年《中国能源统计年鉴》中的地区能源平衡表。在投入变量方面，1998—2006 年各地的资本存量数据来自单豪杰（2006）。我们按照单豪杰（2006）的方法估计了 2007—2009 年各地的资本存量。利用各地区固定资产价格指数，资本存量数据被折算成 1997 年不变价格水平。劳动变量数据来自历年《中国统计年鉴》的分地区从业人数。能源变量数据来自 CEIC 数据库的分地区能源消费量。

为了更加深入地分析中国市场化改革与中国地区能源和二氧化碳排放绩效之间的关系，我们考虑如下简化型计量模型：

$$y_{it} = \beta_0 + \beta_1 Mak_{it} + Z'_{it}\gamma + \varepsilon_{it} \tag{9.5}$$

其中，因变量 y 表示能源—碳排放绩效指数（$ECPI$），Mak 表示市场化变量，Z 是一组控制变量，ε 代表随机误差项。

[①] 由于西藏地区部分数据缺失严重，实证分析样本不包括西藏地区。

　　本章选择了三个代理变量来反映中国地区的市场化进程。它们分别是市场化综合指数（CIM）、产品市场市场化指数（IPM）以及要素市场市场化指数（IFM）。这些指数来自樊纲等（2012）的《中国市场化指数：各地区市场化相对进程2011年报告》，它们分别代表了中国地区经济中整个市场、产品市场和要素市场的发展状况。指数数值越高，代表市场发展程度越高。图9.1绘制了这三个指数分布的动态变化。在图9.1中，我们可以观察到市场化指数分布的位置逐渐右移，这表明中国市场化进程不断推进，市场化程度不断提高。

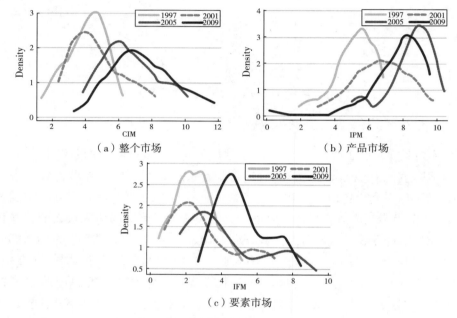

（a）整个市场　　　　　　　　　　　　（b）产品市场

（c）要素市场

图9.1　中国地区市场化指数分布的动态演进

（资料来源：樊纲等（2012））

　　在控制变量（Z）方面，借鉴已有文献的研究，我们选择和构造了如下变量。

　　（1）能源价格（记为PRICE）。从理论上来讲，能源价格的提升会增加能源使用成本，这会激励生产者提高能源使用效率（Wu，2012），进而有助于减少二氧化碳的排放量。因此，我们预期能源价格与能源—碳排放绩效指数（ECPI）呈正相关的关系。由于中国分地区能源价格不可获得，我们沿用Wu（2012）的方法，以原材料、燃料、动力购进价格指数作为能源价格的代理变量。该数据来自CEIC数据库。

（2）能源消费结构（记为 ECS）。从物理学上来说，不同类型的能源在质量上具有差异。例如，电力生产效率要比石油高，而石油要比煤炭更具有效率（Liddle，2012）。一些研究（例如，Schurr，1982；Wang，2007）发现，能源消费结构与能源效率紧密相连。具体而言，提高高质量能源品种的比重可以促进能源效率的提升。此外，不同种类的能源也具有不同的二氧化碳排放系数。例如，同等质量的可燃物，煤炭燃烧释放的二氧化碳量是石油的 1.2 倍，是天然气的 1.6 倍（Du 等，2012）。鉴于此，我们期望煤炭在总能源消费中的比重与 *ECPI* 呈负相关的关系。因此，我们选择煤炭消费比重作为能源消费结构的代理变量。计算煤炭消费比重的原始数据来自历年《中国能源统计年鉴》中的地区能源平衡表。

（3）产业结构（记为 IS）。相对于第一产业和第三产业而言，第二产业能源消耗更大，污染排放更严重。当前，中国大部分省份还处于快速工业化阶段，这是中国地区提升能源和二氧化碳绩效的一个不利因素。我们以第二产业在国内生产总值中所占比重作为产业结构的代理变量，原始数据来自 CEIC 数据库。

（4）贸易开放度（记为 Trade）。现有研究（例如，Ang，2009；Jalil 和 Mahmud，2009）已经深入分析了国际贸易对环境污染的影响。一方面，国际贸易带来了先进生产技术和管理经验，有助于当地生产者提高生产率。另一方面，国际贸易也会带来"污染避难所"效应。由于发达国家的环境规制力度较大，国际贸易通常给中国地区带来高耗能、高污染的产业。这意味着国际贸易可能会增加中国地区的能源消费和二氧化碳排放。因此，贸易开放度可能会对中国地区能源和二氧化碳排放绩效产生两个方向相反的作用。参考 Du 等（2012），我们采用贸易依赖度（进出口总额占国内生产总值的比重）作为代理变量。该变量原始数据来自 CEIC 数据库。

（5）城市化程度（用 Urban 表示）。与贸易开放度的影响类似，Du 等（2012）指出城市化也具有两个不同方面的影响。在城市化进程中，公路、铁路和机场等基础设施建设消耗大量能源，并导致大量的二氧化碳排放。与此同时，城市化促进了生产集聚，有助于生产效率的提高和经济的发展。城市化会促进生产方式的改变，并通过规模效应和溢出效应影响能源和二氧化碳排放绩效。本章以非农业人口的比重作为城市化水平的代理变量。原始数据来自历年《中国人口和就业统计年鉴》和《中国人口统计年鉴》。

（6）政策虚拟变量（用 Policy 表示）。在"十一五"规划中，中国政府更加注重环境保护，为各个地区制定节能减排目标，并实施了多项具体的节能减排措施。鉴于此，我们设置了一个虚拟变量来检验这种政策变化的实际影响。具体而言，2006—2009 年政策变量被设置为 1，其他年份则设置为 0。

（7）地区虚拟变量。除了上述影响变量，可能还有许多不可观察的因素会影响中国地区能源和二氧化碳排放绩效。为此，我们在计量模型中添加虚拟变量。这有助于我们进一步控制地区的个体异质性。

表 9.1 给出了各个变量的统计性描述特征。考虑到回归方程的因变量 ECPI 值为 0 ~ 1，我们采用 Tobit 模型对式（9.5）的参数进行估计。下文将给出具体的实证结果及相关分析。

表 9.1 各个变量的统计性描述

变量	符号	单位	均值	标准差	最小值	最大值
国内生产总值	Y	10 亿元	561.654	554.394	20.279	3511.927
二氧化碳	C	万吨	19219.103	15340.377	705.049	91584.742
资本存量	K	亿元	10642.434	10191.351	459.409	62446.400
能源消费量	E	百万吨标准煤	78.164	59.162	3.900	348.080
劳动	L	百万人	22.460	14.866	2.304	60.416
市场化综合指数	CIM	—	5.788	2.120	1.290	11.800
产品市场市场化指数	IPM	—	7.111	1.886	0.160	10.610
要素市场市场化指数	IFM	—	4.015	2.231	0.400	11.930
能源价格	$Price$	%	148.460	47.583	89.600	288.339
能源消费结构	ECS	%	73.129	14.831	27.702	99.317
产业结构	IS	%	46.029	7.355	19.760	61.500
贸易开放度	$Trade$	%	30.836	39.908	3.204	172.148
城市化水平	$Urban$	%	33.264	15.845	14.040	88.250

9.4 实证分析及讨论

本章利用 Matlab 7.6 软件编程实现了式（9.4）线性规划问题的求解，并进一步计算了各地的 ECPI。表 9.2 报告了各地 ECPI 的计算结果。从表 9.2 中，我们可以观察到只有少数 ECPI 的值等于 1，这表明大部分地区不是能源和二氧化碳排放有效的。在整个研究样本中，中国地区 ECPI 的平均值仅为 0.489。这表明对中国整体而言，发展绿色低碳和环境友好型经济还有较长的路要走。我们同样可以看出，中国整体在"十一五"期间的表现相对要好。但是，这个结果并不能简单地作为政策起到作用的证据，因为还会有其他因素影响能源和二氧化碳排放绩效的变化。我们将在下文对这一问题进行更深入的分析。

表 9.2 也反映出 ECPI 在中国地区间存在巨大的差异。在所有 30 个地区中，广东以 0.967 的 EPCI 均值排名第一，随后是福建（0.886）和海南（0.776）。这三个省份均为中国东部沿海省份。总体来说，中国东部沿海省份相对于中西部省份在能源和二氧化碳排放绩效上表现更好，而西部地区表现最差。以宁夏和贵州为例，它们的平均值分别仅为 0.169 和 0.197，在所有省份中排名倒数两位。图 9.2 绘制了三大地区 ECPI 的走势。从图 9.2 中我们可以发现，东部沿海地区 ECPI 不仅是最高的，增长速度也是最快的，从 1997 年的 0.584 增长到 2009 年的 0.775，年均增长率为 2.4%。相比之下，西部地区 ECPI 出现了后退的现象。因此，发达地区与欠发达地区的 ECPI 差距在不断扩大。

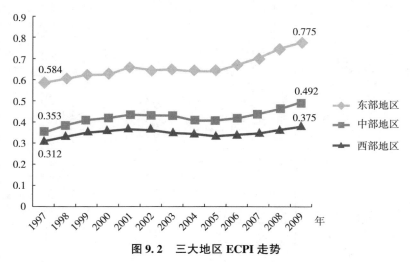

图 9.2　三大地区 ECPI 走势

表 9.2 各地的 ECPI 计算结果

地区	1997 年	1998 年	1999 年	2000 年	2001 年	2002 年	2003 年	2004 年	2005 年	2006 年	2007 年	2008 年	2009 年	均值
(E)北京	0.417	0.453	0.486	0.529	0.553	0.604	0.640	0.689	0.734	0.784	0.845	0.932	1.000	0.667
(E)福建	1.000	1.000	0.980	0.901	1.000	0.869	0.835	0.809	0.757	0.795	0.821	0.869	0.885	0.886
(E)广东	1.000	1.000	0.929	0.934	0.934	0.954	0.964	0.965	0.932	0.960	1.000	1.000	1.000	0.967
(E)海南	0.829	0.795	0.845	0.841	0.839	0.753	0.708	0.673	0.776	0.764	0.744	0.751	0.775	0.776
(E)河北	0.305	0.316	0.332	0.320	0.354	0.320	0.311	0.311	0.301	0.315	0.333	0.356	0.376	0.327
(E)江苏	0.581	0.607	0.654	0.695	0.748	0.783	0.797	0.733	0.667	0.688	0.740	0.794	0.851	0.718
(E)辽宁	0.261	0.283	0.296	0.287	0.314	0.346	0.361	0.351	0.377	0.399	0.415	0.451	0.469	0.355
(E)山东	0.522	0.566	0.608	0.614	0.648	0.555	0.539	0.520	0.456	0.470	0.499	0.533	0.577	0.547
(E)上海	0.489	0.543	0.562	0.607	0.641	0.679	0.703	0.748	0.763	0.822	0.930	1.000	1.000	0.730
(E)天津	0.354	0.393	0.421	0.425	0.456	0.496	0.547	0.543	0.570	0.603	0.647	0.706	0.754	0.532
(E)浙江	0.667	0.691	0.722	0.697	0.744	0.714	0.729	0.706	0.700	0.723	0.746	0.801	0.840	0.729
(C)安徽	0.424	0.433	0.454	0.465	0.480	0.506	0.517	0.543	0.548	0.570	0.590	0.608	0.633	0.521
(C)黑龙江	0.293	0.336	0.356	0.373	0.424	0.474	0.472	0.481	0.497	0.508	0.523	0.537	0.583	0.451
(C)河南	0.450	0.437	0.452	0.457	0.463	0.461	0.444	0.401	0.397	0.407	0.424	0.458	0.480	0.441
(C)湖北	0.327	0.354	0.382	0.402	0.450	0.450	0.434	0.424	0.435	0.439	0.460	0.509	0.543	0.431
(C)湖南	0.441	0.465	0.598	0.663	0.629	0.609	0.578	0.522	0.439	0.459	0.482	0.521	0.561	0.536
(C)内蒙古	0.259	0.350	0.304	0.311	0.299	0.284	0.259	0.233	0.230	0.234	0.239	0.249	0.273	0.271
(C)江西	0.580	0.609	0.610	0.580	0.629	0.583	0.551	0.545	0.557	0.566	0.574	0.623	0.649	0.589
(C)吉林	0.233	0.294	0.321	0.328	0.344	0.338	0.399	0.342	0.366	0.384	0.415	0.455	0.478	0.361
(C)山西	0.167	0.187	0.204	0.213	0.193	0.178	0.183	0.191	0.196	0.199	0.215	0.225	0.227	0.198

续表

地区	1997 年	1998 年	1999 年	2000 年	2001 年	2002 年	2003 年	2004 年	2005 年	2006 年	2007 年	2008 年	2009 年	均值
(W) 重庆	0.394	0.367	0.349	0.484	0.478	0.557	0.619	0.596	0.527	0.542	0.571	0.553	0.593	0.510
(W) 甘肃	0.240	0.244	0.242	0.253	0.282	0.289	0.286	0.285	0.290	0.297	0.290	0.305	0.337	0.280
(W) 广西	0.696	0.709	0.694	0.671	0.698	0.715	0.678	0.575	0.563	0.577	0.592	0.641	0.661	0.652
(W) 贵州	0.157	0.155	0.179	0.186	0.200	0.213	0.185	0.184	0.208	0.209	0.222	0.230	0.235	0.197
(W) 宁夏	0.201	0.224	0.225	0.184	0.174	0.170	0.135	0.142	0.144	0.145	0.150	0.150	0.159	0.169
(W) 青海	0.236	0.253	0.240	0.268	0.268	0.265	0.268	0.272	0.283	0.267	0.281	0.269	0.282	0.266
(W) 陕西	0.289	0.330	0.404	0.443	0.414	0.403	0.396	0.373	0.371	0.391	0.412	0.435	0.458	0.394
(W) 四川	0.356	0.386	0.447	0.488	0.515	0.504	0.476	0.443	0.479	0.490	0.509	0.518	0.538	0.473
(W) 新疆	0.238	0.253	0.277	0.276	0.291	0.301	0.305	0.292	0.292	0.288	0.299	0.308	0.300	0.286
(W) 云南	0.392	0.402	0.443	0.471	0.473	0.443	0.419	0.533	0.361	0.363	0.375	0.396	0.409	0.422
平均值	0.427	0.448	0.467	0.479	0.498	0.494	0.491	0.481	0.474	0.489	0.511	0.539	0.564	0.489

注：E、C 和 W 分别代表东部地区、中部地区、西部地区。

　　由图 9.3 可知，ECPI 和市场化间存在正相关关系。这初步表明市场化程度越高的地区，其能源和二氧化碳排放绩效越高。利用多元回归模型，我们进一步从统计上检验了这两者之间的关系。表 9.3 报告了相应的回归模型估计结果。模型 I 检验了总体市场化进程与 ECPI 之间的关系。从表 9.3 第 1 列可以看到 CIM 的系数估计值为 0.018，且在 1% 的水平下显著。这表明在中国，市场化改革的推进对能源和二氧化碳排放绩效有显著的促进作用。

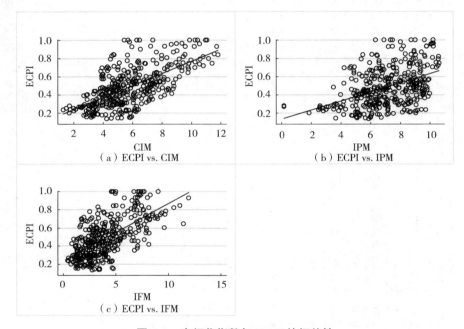

图 9.3　市场化指数与 ECPI 的相关性

表 9.3　固定效应 Tobit 模型估计结果

变量	模型 I	模型 II	模型 III
CIM	$1.784e-02^{***}$		
	$(5.034e-03)$		
IPM		$-4.405e-05$	
		$(2.816e-03)$	
IFM			$1.273e-02^{***}$
			$(3.381e-03)$

变量	模型 I	模型 II	模型 III
Price	3.216e − 06 *	6.657e − 06 ***	4.399e − 06 ***
	(1.673e − 06)	(1.455e − 06)	(1.486e − 06)
ECS	− 5.568e − 03 ***	− 5.935e − 03 ***	− 5.783e − 03 ***
	(7.620e − 04)	(7.737e − 04)	(7.540e − 04)
IS	− 7.701e − 03 ***	− 7.640e − 03 ***	− 7.726e − 03 ***
	(9.517e − 04)	(9.749e − 04)	(9.490e − 04)
Trade	5.706e − 04 *	1.042e − 03 ***	5.437e − 04 *
	(3.113e − 04)	(2.907e − 04)	(3.102e − 04)
Urban	− 3.245e − 03 ***	− 1.807e − 03	− 1.531e − 03
	(1.153e − 03)	(1.112e − 03)	(1.079e − 03)
Policy	1.384e − 02	1.517e − 02	1.354e − 02
	(1.148e − 02)	(1.172e − 02)	(1.146e − 02)
Constant	1.276e + 00 ***	1.330e + 00 ***	1.312e + 00 ***
	(7.639e − 02)	(7.754e − 02)	(7.481e − 02)

注：为了节省篇幅，地区虚拟变量的估计结果略去。括号内是标准差。 * 、 ** 和 *** 分别表示在 10% 、5% 和 1% 的水平下显著。

模型 II 检验了产品市场的市场化进程与 ECPI 之间的关系。从表 9.3 第 2 列可以看到 IPM 的系数估计为负值，但在 10% 的水平下仍不显著。这表明我们并没有找到证据来支持产品市场的市场化推进可以提高中国能源和二氧化碳排放绩效的观点。这个结论有些出乎我们的意料。然而，值得指出的是，我国大部分地区产品市场的市场化已经在 20 世纪 90 年代基本实现，大部分商品的价格已经由自由市场所决定。在现阶段，产品市场的不完善主要来自地方政府的保护主义所导致的市场分割。陆铭和陈钊（2009）的研究表明，市场分割在短期内有利于当地经济增长，但是长期而言会阻碍技术创新。相似地，短期来看，市场分割对能源和二氧化碳排放绩效的影响可能是非常复杂的。一方面，地方保护政策阻碍了清洁生产技术的扩散。另一方面，从某种程度上来说，它也减缓了高耗能、高污染产业向落地区的转移速度。此外，中国省际产品市场发育程度的差异相对较小。这意味着中国省际产品市场发育程度差异不足以解释其能源和二氧化碳排放绩效的差异。因此，我们对样本考察期间产品市场的发展没有促进能源和二氧化碳排放绩效的提升这一结论并不感到意外。这个结论或许会受限于本章研究所采用样本的时间跨度。在中国市场化改革的早期阶段，产品市场经历了从计划经济体制到市场经济体制的巨大变化。对于这个时期而言，实证分析可能会呈现不一样的结论。

模型Ⅲ检验了要素市场的市场化进程与 ECPI 之间的关系。从表9.3 第3列可以看到 IFM 的系数估计值为 0.013，在 1% 的水平下显著。不同于产品市场的发展，要素市场目前仍受到政府较大程度的管制。部分研究（Brant 等，2013；Hsieh 和 Klenow，2009）表明，要素市场的扭曲会导致生产率的损失。发育不完善的要素市场会导致资源分配的低效率。人为低估的要素价格使落后产能仍然有利可图，没有被市场淘汰，从而形成锁定效应，不利于产业结构升级。在这种情况下，为了提升能源和二氧化碳排放绩效，政府应该进一步深化要素市场改革。

在控制变量方面，我们从表9.3 中可以得到如下结论：第一，在所有模型中，能源价格的系数至少在 10% 的水平下显著，这表明提高能源价格有助于加强地区 ECPI。这与我们通常认为的能源价格上升有助于节能减排一致。第二，煤炭消费比重和第二产业产值比重对中国地区 ECPI 具有负的效应。这一结论也符合我们的预期。第三，贸易开放度的系数估计值至少在 10% 的水平下显著为负。这个结果表明，贸易开放度的净效应有助于提高能源和二氧化碳排放绩效。第四，城市化变量的系数估计值在大部分模型中并不显著。因此，关于城市化的两个不同方向的作用可能存在相互抵消的情况。第五，尽管中国政府在"十一五"期间采取了多种政策措施来促进节能减排，但我们的回归结果显示，这种政策的转变并没有对能源和二氧化碳排放绩效产生明显的影响。一个可能的原因就是政府习惯于采取行政命令的措施，它们在效率层面上并不是有效的政策。

9.5　稳健性检验

为了检验以上结果的稳健性，我们进一步采用两个不同的估计方法。首先，我们使用随机效应 Tobit 模型对回归模型进行估计。在上文中，我们利用地区虚拟变量来控制不可观测的个体异质性，这是面板数据固定效应模型的处理方式。Tobit 随机效应模型并不包含地区虚拟变量。它使用一个正态分布的随机变量来刻画未观测到的个体异质性。当未观测到的个体异质性和因变量不相关时，随机效应 Tobit 模型不仅是一致的，并且是更有效的。表9.4 报告了相关的回归结果，与表9.3 对比，我们发现两者的结果在系数符号和显著性上非常相似。其次，市场化改革可能会与地区 ECPI 存在双向影响关系，这会导致内生性问题。针对这一顾虑，我们使用了工具变量（IV）方法进行稳健性检验。该方法中，寻找合适的工具变量是关键。本章使用的工具变量分别是 CIM、IPM 和 IFM 的滞后变量。这个方法类似于动态面板模型的广义矩估计法。市场化指数（CIM、IPM 和 IFM）滞后变量被视为历史，因此当期 ECPI 对作为历史的市场化程度没有影响。表 9.5 报告了相关的回归结果。我们可以发现对于综合市场化指数、产品市场化指数、要素市场化指数、能源消费结构以及产业结构等变量而言，本章先前的结论依然成立。但是，能源价格和贸易开放度两个变量的系数估计值在一些模型中不显著。综上所述，我们得到的大部分结论具有较强的稳健性。

表 9.4 随机效应 Tobit 模型估计结果

变量	模型 I	模型 II	模型 III
CIM	$2.018e-02^{***}$		
	$(5.020e-03)$		
IPM		$8.283e-04$	
		$(2.889e-03)$	
IFM			$1.381e-02^{***}$
			$(3.511e-03)$
$Price$	$1.865e-06$	$5.965e-06^{***}$	$3.662e-06^{**}$
	$(1.757e-06)$	$(1.502e-06)$	$(1.521e-06)$
ECS	$-5.587e-03^{***}$	$-5.884e-03^{***}$	$-5.742e-03^{***}$
	$(7.457e-04)$	$(7.631e-04)$	$(7.442e-04)$
IS	$-7.120e-03^{***}$	$-7.158e-03^{***}$	$-7.215e-03^{***}$
	$(9.801e-04)$	$(1.001e-03)$	$(9.762e-04)$
$Trade$	$7.842e-04^{**}$	$1.279e-03^{***}$	$7.578e-04^{**}$
	$(3.185e-04)$	$(3.002e-04)$	$(3.203e-04)$
$Urban$	$-3.088e-03^{***}$	$-2.000e-03^{*}$	$-1.655e-03$
	$(1.039e-03)$	$(1.041e-03)$	$(1.014e-03)$
$Policy$	$1.584e-02$	$1.767e-02$	$1.553e-02$
	$(1.198e-02)$	$(1.222e-02)$	$(1.194e-02)$
$Constant$	$1.155e+00^{***}$	$1.177e+00^{***}$	$1.381e-02^{***}$
	$(7.243e-02)$	$(7.485e-02)$	$(3.511e-03)$

注：括号内是标准差。$*$、$**$ 和 $***$ 分别表示在 10%、5% 和 1% 的水平下显著。

表9.5 IV – Tobit 模型估计结果

变量	模型 I	模型 II	模型 III
CIM	3.309e − 02 ***		
	(7.324e − 03)		
IPM		− 3.472e − 03	
		(4.920e − 03)	
IFM			3.956e − 02 ***
			(7.212e − 03)
Price	− 7.730e − 07	5.874e − 06 ***	− 1.627e − 06
	(1.956e − 06)	(1.546e − 06)	(1.956e − 06)
ECS	− 5.245e − 03 ***	− 5.914e − 03 ***	− 5.600e − 03 ***
	(8.518e − 04)	(8.575e − 04)	(8.913e − 04)
IS	− 7.413e − 03 ***	− 7.249e − 03 ***	− 7.765e − 03 ***
	(9.913e − 04)	(1.006e − 03)	(1.049e − 03)
Trade	3.094e − 05	9.858e − 04 ***	− 6.233e − 04
	(3.508e − 04)	(3.114e − 04)	(4.160e − 04)
Urban	− 4.320e − 03 ***	− 1.586e − 03	− 2.619e − 04
	(1.259e − 03)	(1.151e − 03)	(1.217e − 03)
Policy	1.845e − 02	2.150e − 02 *	1.605e − 02
	(1.152e − 02)	(1.153e − 02)	(1.220e − 02)
Constant	1.229e + 00 ***	1.347e + 00 ***	1.288e + 00 ***
	(8.440e − 02)	(8.677e − 02)	(8.646e − 02)

注：为了节省篇幅，地区虚拟变量的估计结果略去。括号内是标准差。 * 、 ** 和 *** 分别表示在10%、5%和1%的水平下显著。

9.6 结语

本章对市场化改革是否有助于提高中国地区能源和二氧化碳排放绩效这一问题展开了实证研究。为了实现这一研究目的，我们首先采用 Zhou 等（2012b）和 Zhang 等（2014a）提出的能源—碳排放绩效指标来对中国30个地区的能源利用效率和二氧化碳排放效率进行考察，得到以下几个重要结论：第一，中国大部分地区不是能源利用和二氧化碳排放有效的；第二，中国地区间的能源和二氧化碳排放绩效呈现巨大的差异，东部地区比中西部地区表现更好；第三，在样本考察期间，大部分省份的效率值呈上涨趋势，并且东部地区的效率值上升明显快于其他地区。

基于多元回归模型，我们进一步检验了市场化改革与中国地区能源和二氧化碳排放绩效之间的关系。我们使用不同的方法对模型进行估计。综合不同估计方法的结果，我们得出了以下几个具有稳健性的结论：首先，市场化改革，特别是要素市场的发展对提升能源和二氧化碳排放绩效具有正的效应。换言之，地区间市场化发育程度的差异可以解释其能源和二氧化碳排放绩效的差异。其次，煤炭消费比重和第二产业产值比重的上升会对能源和二氧化碳排放绩效产生负的影响。

基于以上结论，我们提出以下政策建议：第一，政府应该进一步深化中国地区的市场化改革，特别是中西部地区市场经济欠完善省份。第二，由于要素市场在生产活动与资源分配中扮演基础性角色，中国政府应当进一步深化要素市场改革。具体而言，中国政府应该放松要素价格管制，充分发挥市场配置资源的作用。由于矿物资源属于国有，政府应当采取更加透明开放的方式分配资源的使用权，并强化监督管理，减少腐败现象，以保证效率高的生产者可以优先获得生产要素。第三，政府应当进一步优化能源消费结构，降低煤炭消费比重，提升清洁能源的使用比例。政府应当采取有效的财税政策支持清洁能源产业的发展。此外，政府应该推动产业升级和优化产业结构，支持低碳产业的发展。

10 资源丰裕度与生态效率：
基于中国城市的实证分析

10.1 引言

传统经济学理论认为，资源禀赋是工业发展的基本要素，因此有利于经济的发展。然而，Auty（1993）发现，相较于资源不丰富的国家或地区，资源丰富的国家或地区经济增长速度更慢。他将这种现象称为"资源诅咒"。在此之后，大量的文献对资源丰裕度与经济发展之间的关系展开了广泛而深入的研究。一些文献（例如，Leite 和 Weidmann，1999；Papyrakis 和 Gerlagh，2004；Sachs 和 Warner，1995，1997，1999）通过实证发现，资源禀赋确实对经济增长产生负面影响。但也有一些文献（例如，Brunnschweiler，2008；Brunnschweiler 和 Bulte，2008；Fan 等，2012；Wright 和 Czelusta，2007）认为，"资源诅咒"并不存在。尽管现有文献没有取得一致的结论，但学者们普遍意识到资源在生产活动中具有重要的作用。

先前的文献主要聚焦于资源丰裕度在经济增长中所起的作用。近年来，环境污染问题越发严重。人们普遍意识到经济增长不能以牺牲环境为代价。因此，可持续发展成为整个人类社会共同的诉求。

人类社会可持续发展要求在生产更多的产品和服务的同时，减少资源消耗和降低环境损害。已有文献用生态效率来测度可持续发展的程度。这一概念越来越受到人们的重视。许多研究对不同国家、地区、产业、企业的生态效率进行了分析。代表性文献包括 Dyckhoff 和 Allen（2001）、Korhonen 和 Luptacik（2004）、Kuosmanen 和 Kortelainen（2005）、Neto 等（2009）、Picazo-Tadeo 等（2012）、Long 等（2015）、Robaina-Alves 等（2015）和 Masuda（2016）等。

考虑到生态效率在可持续发展中的重要性，本章扩展了"资源诅咒"的研究范围，试图从经验上对资源丰裕度和生态效率之间的关系进行探究，以期对现有文献提供有益的补充。

从理论上来讲，资源丰裕度对生态效率存在两个方面的影响。一方面，丰富的资源是工业发展的优势，可以推动技术进步。众所周知，只有技术进步才可能实现人类社会可持续发展。另一方面，资源丰裕的地区可能会过度地依赖初级的资源密集型产业的发展。这些产业大多是低附加值且高污染的。此外，资源丰富的地区，其资源消耗成本通常较低，降低了经济主体使用节约型生产技术的激励。

本章采用条件效率分析的框架。条件效率分析没有假设"可分离条件"，因此可以克服传统两阶段效率分析的缺陷。[①] 具体而言，我们首先建立一个条件 SBM 模型，对生态效率进行测度，然后利用局部线性的非参数方法对资源丰裕度的影响进行分析。

10.2 研究方法

10.2.1 SBM 模型

传统的 DEA 模型在评价能源和环境绩效时存在局限性。为了克服这一问题，Tone（2004）提出了基于松弛变量定义的 SBM 模型。SBM 模型允许投入、期望产出和非期望产出的不同比例调整，是一种非径向的效率测度方法。它不但比传统 DEA 模型具有更强的效率区分度，并且能够提供更多与投入产出效率相关的冗余信息（Choi 等，2012）。考虑到这些优点，我们利用 SBM 模型进行生态效率的测度。

具体模型构建如下：假设有 N 个待评价的地区，每个地区作为决策单元。每个决策单元使用投入要素 $x \in R_+^p$ 生产期望产出 $y \in R_+^q$，与此同时产生非期望产出 $b \in R_+^w$。生产技术（可生产集）可以用以下集合表示：

$$T = \{(x,y,b):x \text{ 可以生产出 } (y,b)\} \qquad (10.1)$$

根据 Tone（2004），可生产集可以通过观察者的线性组合来构造：

$$T = \{(x,y,b): \sum_{j=1}^{n} \lambda_j x_{ij} \leq x_i, i = 1, \cdots, p$$

---

① 传统两阶段效率分析通常在第一阶段利用 DEA 模型，基于投入产出数据估计效率，在第二阶段利用 Tobit 模型将效率对其他因素进行回归分析。由于第一阶段效率的估计没有考虑其他因素的影响，相当于假设其他因素只对效率产生影响，而对生产过程中的投入产出决策没有影响（这一假设被称为"可分离条件"）。Simar 和 Wilson（2007，2011）指出，如果"可分离条件"不成立，传统的两阶段效率分析方法就没有意义；即使"可分离条件"成立，第二阶段回归分析的统计推断也会因为效率项存在复杂的相关结构而失效。

$$\sum_{j=1}^{n} \lambda_j y_{kj} \geqslant y_k, k = 1, \cdots, q$$

$$\sum_{j=1}^{n} \lambda_j b_{lj} \leqslant b_l, l = 1, \cdots, w$$

$$\lambda_j \geqslant 0, j = 1, \cdots, n\}$$

(10.2)

基于以上生产技术的刻画，SBM 模型的效率指标可以定义为

$$\rho = \min_{\{S_i^x, S_k^y, S_l^b, \lambda_j\}} \frac{1 - \dfrac{1}{p} \sum_{i=1}^{p} \dfrac{S_i^x}{x_i}}{1 + \dfrac{1}{q+w} \left(\sum_{k=1}^{q} \dfrac{S_k^y}{y_k} + \sum_{l=1}^{w} \dfrac{S_l^b}{b_l} \right)}$$

s. t. $\quad x_i = \sum_{j=1}^{n} \lambda_j x_{ij} + S_i^x, i = 1, \cdots, p$

$\quad\quad y_k = \sum_{j=1}^{n} \lambda_j y_{kj} - S_k^y, k = 1, \cdots, q$

$\quad\quad b_l = \sum_{j=1}^{n} \lambda_j b_{lj} + S_l^b, l = 1, \cdots, w$

$S_i^x \geqslant 0, S_k^y \geqslant 0, S_l^b \geqslant 0, \lambda_j \geqslant 0, j = 1, \cdots, n$

(10.3)

正如式（10.3）所示，SBM 模型的效率指标 ρ 的值为 0~1，并随着松弛变量 S_i^x、S_i^Y 和 S_i^B 的增大而减小。ρ 的值越大，效率越高。当且仅当所有的松弛变量为 0、ρ 的值等于 1 时，被评价决策单元位于生产前沿边界，充分利用了资源和技术，是有效的。不同于传统 DEA 模型，SBM 模型要求期望产出最大扩张的同时投入和非期望产出最大限度地减少。这与前文所讨论的生态效率概念相一致，因此，本章利用 SBM 模型的效率指标 ρ 来测度地区生态效率。[①]

10.2.2　条件 SBM 模型

假设生产过程受到外生变量 Z 的影响，随机变量 (X, Y, B, Z) 定义在恰当的概率空间并以 $\Delta \subseteq R_+^p \times R_+^q \times R_+^w \times R^r$ 为支撑。根据条件效率分析（Bǎdin 等，2012a，2012b；Daraio 和 Simar，2005，2006，2007；Simar 和 Vanhems，2012），我们可以将条件于 $Z = z$ 的 (X, Y, B) 联合分布表示成

[①]　在已有文献中，也有一些学者使用了诸如工业增加值与环境损耗之比来测度生态效率。考虑到不同环境污染物之间存在替代性，怎样将不同污染物进行加总显得尤为关键。由于环境污染市场价格的缺失，这种加总困难重重。一些研究（例如，Korhonen 和 Luptacik，2004；Kuosmanen 和 Kortelainen，2005）应用不同的 DEA 模型来解决这一加总问题。然而，这种指标没有考虑资源的过度投入，而可持续发展概念不完全一致。

$$H_{XYB|Z}(x,y,b \mid z) = \mathrm{prob}(X \leqslant x, Y \geqslant y, B \leqslant b \mid Z = z) \qquad (10.4)$$

以上公式刻画了给定条件 $Z = z$，一个决策单元占优于生产活动（X，Y，B）的概率。这一分布函数可以分解为

$$H_{XYB|Z}(x,y,b \mid z)$$
$$= \mathrm{prob}(Y \geqslant y \mid X \leqslant x, B \leqslant b, Z = z)\,\mathrm{prob}(X \leqslant x, B \leqslant b \mid Z = z)$$
$$= S_{Y|XBZ}(y \mid x,b,z) F_{XB|Z}(x,b \mid z) \qquad (10.5)$$

条件分布函数 $S_{Y|XBZ}(y \mid x,b,z)$ 的支撑刻画了生产技术（Simar 和 Wilson，2015）。利用非参数平滑技术，这一条件分布函数可以通过以下方式进行估计：

$$\hat{S}_{Y|X,B,Z}(y \mid x,b,z) = \frac{\sum_{j=1}^{n} I(X_j \leqslant x, Y_j \geqslant y, B_j \leqslant b) K_h(Z_j,z)}{\sum_{j=1}^{n} I(X_j \leqslant x, B_j \leqslant b) K_h(Z_j,z)} \qquad (10.6)$$

其中，$I(\cdot)$ 是一个示性函数，$K_h(Z_j,\ z)$ 是一个核函数，h 是窗宽。在式（10.6）中，窗口的选择尤为关键。关于窗口选择的问题，Bǎdin 等（2010）、De Witte 和 Kortelainen（2009）基于 Hall 等（2004）、Li 和 Racine（2007），提出了数据驱动的方法来确定最优的窗口。

给定 $Z = z$，条件可生产集可以表示为

$$T^z = \Big\{ (x,y,b) \mid \sum_{\substack{j=1,\cdots,nl \\ |Z_j-z| \leqslant h}} \lambda_j x_{ij} \leqslant x_i, i = 1,\cdots,p$$

$$\sum_{\substack{j=1,\cdots,nl \\ |Z_j-z| \leqslant h}} \lambda_j y_{kj} \geqslant y_k, k = 1,\cdots,q$$

$$\sum_{\substack{j=1,\cdots,nl \\ |Z_j-z| \leqslant h}} \lambda_j b_{lj} \leqslant b_l, l = 1,\cdots,w$$

$$S_i^x \geqslant 0, S_k^y \geqslant 0, S_l^b \geqslant 0,$$

$$\lambda_j \geqslant 0, j = 1,\cdots,n \text{ and } |Z_j - z| \leqslant h \Big\} \qquad (10.7)$$

基于以上条件可生产集，可以得到以下条件 SBM 模型：

$$\rho^z = \min_{\{S_i^x, S_k^y, S_l^b, \lambda_j\}} \frac{1 - \dfrac{1}{p}\sum_{i=1}^{p} \dfrac{S_i^x}{x_i}}{1 + \dfrac{1}{q+w}\left(\sum_{k=1}^{q} \dfrac{S_k^y}{y_k} + \sum_{l=1}^{w} \dfrac{S_l^b}{b_l}\right)}$$

$$\text{s. t.} \quad x_i = \sum_{\substack{j=1,\cdots,nl \\ |Z_j-z| \leqslant h}} \lambda_j x_{ij} + S_i^x, i = 1,\cdots,p$$

$$y_k = \sum_{\substack{j=1,\cdots,nl \\ |Z_j-z| \leqslant h}} \lambda_j y_{kj} - S_k^y, k = 1,\cdots,q$$

$$b_l = \sum_{\substack{j=1,\cdots,nl \\ |Z_j-z| \leqslant h}} \lambda_j b_{lj} + S_l^b, l = 1,\cdots,w$$

$$S_i^x \geqslant 0, S_k^y \geqslant 0, S_l^b \geqslant 0,$$

$$\lambda_j \geqslant 0, j = 1,\cdots,n \text{ and } |Z_j - z| \leqslant h \tag{10.8}$$

正如式（10.8）所示，条件 SBM 模型中外生变量 Z 直接影响生产边界。因此，不需要假设"可分离条件"。生态效率的估计同时考虑投入产出变量和外生变量 Z。

10.2.3 非参数回归分析

参考标准的条件效率分析的步骤（Bǎdin 等，2012a，2012b；Daraio 和 Simar，2005，2014；Halkos 和 Tzeremes，2013，2014），本书利用非参数回归模型对资源丰裕度（Z）的影响进行分析。具体而言，我们考虑如下简约型回归模型：

$$Q_j = g(Z_j) + \varepsilon_j \tag{10.9}$$

其中，$Q_j = \rho_j^z/\rho_j$，即条件效率值与非条件效率值之比；$g(\cdot)$ 是一个未知函数；ε 是一个随机误差项。考虑到局部线性估计量对边界效应不敏感（De Witte 和 Kortelainen，2009），本章利用它对式（10.9）进行估计。技术上，局部线性估计通过以下优化问题求解待估参数：

$$\min_{|\alpha,\beta|} \sum_{j=1}^n \left[Q_j - \alpha - (Z_j - z)\beta \right]^2 K_h(Z_j,z) \tag{10.10}$$

其中，α 和 β 是局部系数，$K_h(Z_j,z)$ 是核函数，h 是窗宽。根据 De Witte 和 Kortelainen（2009），我们可以利用非参数显著性检验来分析资源丰裕度对生产过程是否存在影响。数学上，这个检验的原假设可以表示为

$$H_0 : E(Q \mid Z) = E(Q)$$

为了这个检验的实施，以上原假设可以重写为

$$H_0 : \frac{\partial E(Q \mid Z)}{\partial Z} = \beta(Z) = 0$$

定义如下统计量：

$$I = E[\beta(Z)^2] \tag{10.11}$$

统计量 I 的一个一致估计量可以通过以下方式得到

$$\hat{I}_n = \frac{1}{n} \sum_{j=1}^{n} \hat{\beta} (Z_j)^2 \qquad (10.12)$$

其中，$\hat{\beta}(Z_j)$ 为局部线性估计量。统计量 I 的临界值可以通过非参数 Bootstrap 进行确定。更多的技术细节请参阅 De Witte 和 Kortelainen（2009）。

在完成式（10.9）的估计后，我们可以通过 Q 和 Z 之间的非参数平滑曲线来识别资源丰裕度的局部效应。如果曲线呈下降（上升）趋势，那么资源丰裕度对生态效率产生负（正）的影响；如果曲线呈现水平形式，则资源丰裕度对生态效率没有明显的影响。

10.3　实证研究

10.3.1　数据

参考现有文献（例如，Halkos 和 Tzeremes，2014），本章选择劳动（L）和资本存量（K）作为投入变量（x），国民生产总值（GDP）作为期望产出（Y），二氧化硫作为（SO_2）非期望产出（B）。劳动（L）为城镇单位从业人员与城镇个体劳动者之和。资本存量数据根据向娟（2011）的永续盘存法（PIM）进行构建。GDP 和资本存量都转为以 2000 为基期的不变价格。参考 Fang 等（2011）和 Fan 等（2012），我们使用采矿业从业人员占总从业人员的比重作为资源丰裕度的代理变量。

本研究收集了 30 个地区 258 个城市的数据，样本区间为 2003—2010 年，基础数据来自历年《中国城市统计年鉴》和国泰安数据库。表 10.1 给出了相关变量的统计特征。

表 10.1　变量的统计描述

变量	符号	单位	样本数	均值	标准差	最小值	最大值
劳动	L	万人	2580	80.685	105.565	5.583	1338.680
资本	K	亿元	2580	1872.537	2906.752	48.110	31228.918
GDP	Y	亿元	2580	904.799	1261.987	29.796	15816.126
二氧化硫	B	吨	2580	64954.849	63172.197	64.000	7.12e+05
资源丰裕度	Z	%	2580	3.602	6.615	0.000	43.194

10.3.2　实证结果分析

表 10.2 报告了常规无条件生态效率和条件生态效率的逐年统计特征。在

常规生态效率方面，我们可以观察到，中国的城市生态效率呈现先下降后上升的走势。总体上，整个样本期间，常规生态效率的平均值下降了6.5%。当我们分析条件生态效率时，可以得到相似的结论。这一结果表明中国生态效率仍然处于较低的水平。这也意味着中国经济的快速发展严重依赖资源消耗的扩张以及环境污染的加重。实现资源集约型和环境友好型的经济发展模式仍有一段很长的路要走。

表10.2　中国城市无条件生态效率和条件生态效率估计值的统计描述

项目	2003 年	2004 年	2005 年	2006 年	2007 年	2008 年	2009 年	2010 年	2011 年	2012 年
无条件生态效率										
全样本（258 个城市）										
均值	0.356	0.334	0.309	0.305	0.310	0.322	0.324	0.328	0.327	0.333
标准差	0.163	0.146	0.133	0.114	0.113	0.116	0.114	0.115	0.116	0.122
最小值	0.091	0.086	0.098	0.114	0.110	0.106	0.113	0.114	0.118	0.122
最大值	1.000	1.000	1.000	0.734	0.710	0.811	0.733	0.844	1.000	1.000
东部地区（99 个城市）										
均值	0.417	0.397	0.363	0.361	0.365	0.376	0.377	0.384	0.379	0.384
标准差	0.165	0.142	0.134	0.106	0.106	0.107	0.109	0.109	0.104	0.105
最小值	0.143	0.155	0.125	0.119	0.130	0.136	0.148	0.165	0.188	0.175
最大值	1.000	1.000	1.000	0.734	0.688	0.676	0.666	0.702	0.750	0.797
中西部地区（159 个城市）										
均值	0.318	0.295	0.276	0.270	0.276	0.288	0.291	0.293	0.295	0.301
标准差	0.151	0.135	0.121	0.106	0.104	0.109	0.104	0.106	0.112	0.121
最小值	0.091	0.086	0.098	0.114	0.110	0.106	0.113	0.114	0.118	0.122
最大值	1.000	0.935	1.000	0.727	0.710	0.811	0.733	0.844	1.000	1.000
条件生态效率										
全样本（258 个城市）										
均值	0.445	0.423	0.328	0.389	0.402	0.422	0.438	0.449	0.449	0.459
标准差	0.216	0.201	0.151	0.171	0.169	0.177	0.190	0.201	0.186	0.193
最小值	0.091	0.086	0.098	0.114	0.110	0.106	0.113	0.114	0.118	0.125
最大值	1.000	1.000	1.000	1.000	1.000	1.000	1.000	1.000	1.000	1.000
东部地区（99 个城市）										
均值	0.480	0.468	0.377	0.439	0.446	0.470	0.485	0.509	0.500	0.514
标准差	0.200	0.194	0.140	0.170	0.158	0.168	0.188	0.194	0.175	0.183
最小值	0.174	0.163	0.125	0.197	0.130	0.136	0.148	0.165	0.189	0.218
最大值	1.000	1.000	1.000	1.000	1.000	1.000	1.000	1.000	1.000	1.000

项目	2003 年	2004 年	2005 年	2006 年	2007 年	2008 年	2009 年	2010 年	2011 年	2012 年
中西部地区（159 个城市）										
均值	0.423	0.396	0.297	0.358	0.375	0.392	0.409	0.411	0.417	0.425
标准差	0.223	0.200	0.150	0.164	0.170	0.177	0.185	0.196	0.187	0.191
最小值	0.091	0.086	0.098	0.114	0.110	0.106	0.113	0.114	0.118	0.125
最大值	1.000	1.000	1.000	1.000	1.000	1.000	1.000	1.000	1.000	1.000

考虑到中国地区发展的不均衡，我们将 258 个城市分为两组：东部沿海地区和中西部地区。东部沿海地区包括北京、天津、上海及辽宁、河北、山东、江苏、浙江、福建、广东和海南，其他省份的城市都划归为中西部地区。表 10.2 还报告了分样本估计结果的统计特征。无论在东部沿海地区还是中西部地区，生态效率均值的走势都与全样本类似。此外，比较两个样本的生态效率值，我们发现东部沿海城市比中西部城市在生态绩效上表现好一些。图 10.1 展现了有关分布的更详细的信息。

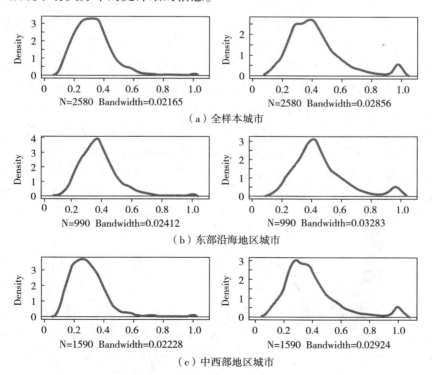

（a）全样本城市

（b）东部沿海地区城市

（c）中西部地区城市

图 10.1　中国城市无条件生态效率和条件生态效率的核密度

表 10.3 报告了资源丰裕度影响生产过程的非参数显著性检验的结果。从表 10.3 中可以看到，无论是全样本还是分样本，P 值都小于 0.01，也就是在 1% 的水平下显著拒绝了原假设（资源丰裕度不影响生产过程）。这一结果意味着资源丰裕度对中国城市生态效率存在一定的影响。表 10.3 还报告了局部线性估计导数值（β）的平均值，这可以解释为资源丰裕度的平均效应。从表 10.3 中，我们可以看到 β 的值在全样本和分样本中都为负，意味着平均而言，丰裕的自然资源对中国城市生态效率有负面的影响，不利于城市生态效率的提升。

表 10.3　非参数显著性检验结果

样本	P 值	β 平均值
全样本	0.004	− 0.0234
东部沿海地区	2.22e − 16	− 0.0397
中西部地区	0.0015	− 0.0400

注：P 值由非参数 Bootstrap 确定，Bootstrap 重复抽样次数为 2000 次。

图 10.2 给出了效率比值与资源丰裕度的局部线性回归拟合曲线。从图 10.2 中，我们可以看到资源丰裕度对中国城市生态效率的影响。从样本来看，资源丰裕度与生态效率之间存在非线性关系。当资源丰裕度小于 8% 时，非参数回归曲线呈现下降的趋势，即对生态效率产生了一个负面的影响；在此之后，非参数回归曲线呈现上升的趋势，直至资源丰裕度大于 15% 的水平，这意味着在此区间，资源丰裕度可以促进中国城市生态效率的提升；当资源丰裕度超过 15% 时，非参数回归曲线又开始呈现下降的趋势，即过度丰裕的资源对中国城市生态效率存在负的影响。对东部沿海城市样本和中西部城市样本进行分析，我们可以得到相似的结论。整体上来看，资源丰裕度与中国城市生态效率之间呈现倒 "N" 形的关系。

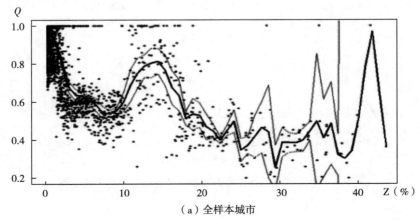

（a）全样本城市

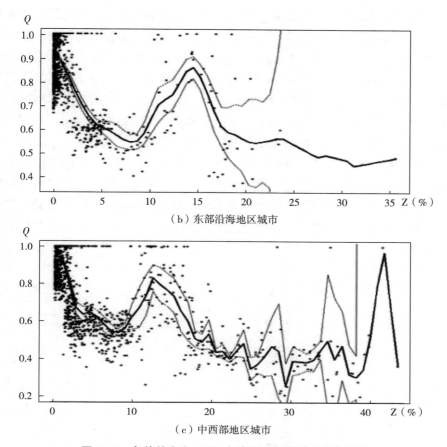

图10.2　条件效率比（Q）与资源丰裕度的非参数拟合

10.4　结语

　　本章主要在经验层面分析了资源丰裕度与中国城市生态效率之间的关系。为实现这一目标，我们基于最新发展的条件效率分析的思想框架，提出条件SBM模型来测度考虑资源丰裕度影响的中国城市生态效率，并利用非参数回归技术识别了资源丰裕度与城市生态效率之间的非线性关系。

　　在实证分析方面，我们收集了中国258个城市在2003—2012年的样本。基于以上方法论，本章得到了一些重要的结论：第一，整体而言，中国城市生态效率还处于较低的水平，大部分城市生态效率值低于0.5，反映了中国城市经济增长模式与可持续发展观念相悖。我国政府必须采取有效的措施推动城市向资源集约型和环境友好型发展。第二，非参数显著性检验发现资源丰裕度对生产过程存在明显的影响。第三，对非参数拟合曲线的分析发现，资源丰裕度与中国城市生态效率之间存在非线性的关系，即不同水平下的资源丰裕度对中国城市生态效率的影响是有区别的。当资源丰裕度较低（小于8%）时，其呈现负面的影响；当资源丰裕度适中（8%～15%）时，其呈现正面的影响；当资源丰裕度较高（大于15%）时，其再次对城市生态效率产生不利的影响。平均而言，资源丰裕度对城市生态效率的影响是负的。

　　需要指出的是，本章只是从经验层面分析资源丰裕度对中国城市生态效率的影响。未来的研究需要更深入地分析它们之间的影响机理。这将有助于我们更深入地理解资源丰裕度对生态效率的作用。另外，本章的实证分析局限于中国城市的样本，其得到的结论是否也适用其他国家的样本，这是一个非常值得进一步研究的问题。

11   总结与展望

本书分析了中国能源强度变化和能源消费变化的驱动因素，估算了能源效率提升的反弹效应，评估了中国地区碳排放效率和减排潜力，考察了市场化改革对能源效率和碳排放效率的影响。本书得出了以下主要结论。

（1）技术进步是 2003—2010 年我国能源强度下降的最大贡献力量，推动能源强度累计下降 20.3%，年均下降 3.2%；资本替代能源的作用次之，推动能源强度累计下降 16.5%，年均下降 2.6%。能源替代劳动、产业结构变化和技术效率下降是阻碍我国能源强度下降的主要因素。

（2）经济规模扩张是我国能源消费在 2003—2010 年快速增长的主要推动力，年均推动能源消费增加 13.1%。技术进步是减缓能源消费增长的最大贡献力量，促使能源消费年均下降 3.6%；资本替代能源的作用次之，推动能源消费年均下降 2.4%。

（3）要素市场阻碍了我国能源效率的提升。在要素市场扭曲的情形下，我国全要素能源效率从 1997 年的 0.62 缓慢上升到 2009 年的 0.833。如果将各个地区要素市场的发育程度提升到上海市 2007 年的要素市场发育水平，则我国能源效率年均将实现 10% 的上升。我国要素市场扭曲的能源年损失量为 1.2 亿~1.6 亿吨标准煤，占能源总损失的 24.9%~33.1%。

（4）中国 1981—2011 年的宏观能源反弹效应为 30%~40%，均值为 34.3%。这表明能源效率提升的原始节能量中有 34.3% 被经济增长效应抵消。

（5）中国 30 个地区在 2006—2010 年的二氧化碳排放效率平均值为 0.728，相对应的减排潜力为 1687 百万吨。通过对减排潜力的分解，本书发现超过一半的减排潜力来自技术差距。短期而言，提高管理效率是减少二氧化碳排放的可行措施。从长期来看，缩小地区间的技术差距是实现最大限度减排的关键。

（6）中国能源和二氧化碳排放绩效呈现巨大的地区差异，东部地区比中西部地区表现更好。市场化改革是能源和二氧化碳排放的重要影响因素，特别是要素市场的发展对提升能源和二氧化碳排放绩效具有正的效应。换言之，地区间市场化发育程度的差异可以解释其能源和二氧化碳排放绩效的差异。

11.1　主要创新点

在现有文献的基础上，我们试图从方法论和实证分析两个维度对已有研究进行有益的补充，可能的创新点包括以下几个方面。

（1）第 3 章提出了一个分析能源强度变化机理的综合分解框架。这一分析框架综合了 IDA 模型和 PDA 模型的优点，提高了 IDA 模型的经济解释力，克服了 PDA 模型在结构效应上测度的不一致，进而弥补了 IDA 模型和 PDA 模型各自的缺陷。在实证应用上，本书为中国能源强度的变化提供了更全面和深入的解释。此外，第 4 章还将这一分析框架拓展到对能源消费变化的分析上，并考察了我国能源消费快速增长的推动因素。

（2）针对径向效率测度模型可能高估能源效率的问题，第 5 章基于谢泼德能源距离函数对中国地区能源效率进行测度。在模型估计上，我们采用面板固定效应 SFA 模型，不但考虑了随机误差的影响，而且控制了中国地区间的技术异质性。此外，第 5 章对要素市场扭曲与能源效率之间的关系进行了经验研究，丰富了研究视角，并采用反事实计量的方法首次测度了我国要素市场扭曲的能源效率损失和能源损失。

（3）第 6 章梳理了能源效率提升、经济增长与反弹效应之间的逻辑关系，在此基础上提出核算宏观能源反弹效应的方法。我们进一步区分了能源效率提升与技术进步，进而修正了现有文献在估计宏观能源反弹效应中的偏差。

（4）在研究中国地区二氧化碳排放效率和减排潜力的文献中，很少有研究注意到中国地区间的技术存在差距的典型事实。考虑到这个问题，第 7 章利用非参数共同前沿分析方法对中国地区的二氧化碳排放效率和减排潜力进行测算。在此基础上，我们首次将减排潜力分解为技术差距因素和管理效率因素。这对我国地区减排指标的分配具有重要的参考价值。

（5）第 9 章利用非径向方向距离函数对中国地区能源利用和二氧化碳排放的综合绩效进行了评估，在此基础上进一步考察了市场化进程的影响。

（6）第 10 章构建了条件 SBM 模型，实证分析了城市自然资源禀赋与其生态效率之间的关系，丰富了"资源诅咒"的研究范围，促进了人们对自然禀赋与可持续发展之间关系的理解。

11.2 研究展望

由于受到主客观等条件的限制，本书的研究还存在以下不足之处，有待后续研究进一步完善。首先，国家统计局在 2010 年之后没有再公布地区的就业人数数据，而地区统计年鉴相关数据并不齐全，并且已有数据与国家统计局公布的数据出入较大。地区市场化进程作为实证的一个重要视角，其有关变量数据来自樊纲等（2012）的《中国市场化指数：各地区市场化相对进程 2011 年报告》。最新数据只到 2009 年，因此，本书大部分实证研究在时间窗口上仅限于 2011 年之前。其次，由于参数模型识别上的困难，大部分章节采用了 DEA 方法。宏观数据因测量误差等而普遍存在的噪声可能会影响估计结果的准确性，未来的工作将致力于更多效率测度模型的参数估计，并且利用有效的信息控制个体异质性的影响。再次，我们对中国宏观能源反弹效应的研究还处于初步阶段，未来的研究还需进一步完善核算框架和识别宏观反弹效应的潜在决定因素。最后，我们从经验层面考察了中国市场化改革对能源效率和二氧化碳排放效率的影响，但缺乏对要素市场扭曲的能源作用机理的理论构建。这方面的工作可以加深我们对市场作用机制的理解。

附　录

一、第3章式（3.6）的证明

$$\frac{EI_{i,t}^n}{EI_{i,\tau}^n} = \frac{E_{i,t}^n/Y_{i,t}^n}{E_{i,\tau}^n/Y_{i,\tau}^n} = \left[\frac{D_{i,t}^n(E_{i,t}^n,K_{i,t}^n,L_{i,t}^n,Y_{i,t}^n)}{D_{i,\tau}^n(E_{i,\tau}^n,K_{i,\tau}^n,L_{i,\tau}^n,Y_{i,\tau}^n)}\right]^{-1} \times \left[\frac{D_{i,\tau}^n(E_{i,\tau}^n,K_{i,\tau}^n,L_{i,\tau}^n,Y_{i,\tau}^n)}{D_{i,t}^n(E_{i,t}^n,K_{i,t}^n,L_{i,t}^n,Y_{i,t}^n)}\right]^{-1}$$

$$\times \frac{E_{i,t}^n/[Y_{i,t}^n/D_{i,t}^n(E_{i,t}^n,K_{i,t}^n,L_{i,t}^n,Y_{i,t}^n)]}{E_{i,\tau}^n/[Y_{i,\tau}^n/D_{i,t}^n(E_{i,\tau}^n,K_{i,\tau}^n,L_{i,\tau}^n,Y_{i,\tau}^n)]}$$

由谢泼德产出距离函数是产出 Y 的 1 阶齐次函数可得

$$\frac{E_{i,t}^n/[Y_{i,t}^n/D_{i,t}^n(E_{i,t}^n,K_{i,t}^n,L_{i,t}^n,Y_{i,t}^n)]}{E_{i,\tau}^n/[Y_{i,\tau}^n/D_{i,t}^n(E_{i,\tau}^n,K_{i,\tau}^n,L_{i,\tau}^n,Y_{i,\tau}^n)]} = \frac{E_{i,t}^n \times D_{i,t}^n(E_{i,t}^n,K_{i,t}^n,L_{i,t}^n,1)}{E_{i,\tau}^n \times D_{i,t}^n(E_{i,\tau}^n,K_{i,\tau}^n,L_{i,\tau}^n,1)}$$

假设生产技术是规模报酬不变的，则谢泼德产出距离函数是投入的 -1 阶齐次函数，我们可以进一步得到

$$\frac{E_{i,t}^n \times D_{i,t}^n(E_{i,t}^n,K_{i,t}^n,L_{i,t}^n,1)}{E_{i,\tau}^n \times D_{i,t}^n(E_{i,\tau}^n,K_{i,\tau}^n,L_{i,\tau}^n,1)} = \frac{D_{i,t}^n(1,k_{i,t}^n,l_{i,t}^n,1)}{D_{i,t}^n(1,k_{i,\tau}^n,l_{i,\tau}^n,1)}$$

其中，$k = K/E, l = L/E$。综上所述，可得式（3.6）。

二、第6章的附表

附表 6.1　因变量相关系数

变量	$\ln K$	$\ln L$	$\ln U$	$\ln K \times \ln L$	$\ln K \times \ln U$	$\ln U \times \ln L$	$(\ln K)^2$	$(\ln L)^2$	$(\ln U)^2$
$\ln K$	1								
$\ln L$	0.9002	1							
$\ln U$	0.9919	0.9415	1						
$\ln K \times \ln L$	0.9995	0.9129	0.9947	1					
$\ln K \times \ln U$	0.9998	0.8977	0.9917	0.9993	1				
$\ln U \times \ln L$	0.9859	0.957	0.9988	0.9902	0.9854	1			
$(\ln K)^2$	0.9976	0.8706	0.9814	0.9953	0.9979	0.9726	1		
$(\ln L)^2$	0.9022	0.9982	0.943	0.9147	0.8997	0.9583	0.8729	1	
$(\ln U)^2$	0.9953	0.9308	0.9994	0.9972	0.9953	0.9968	0.9871	0.9324	1

附表 6.2　岭回归估计结果

变量	B	SE（B）	B/SE（B）
ln$K$	0.1107	0.0029	37.6733
ln$L$	0.3381	0.0311	10.8593
ln$U$	0.1051	0.0019	54.9898
ln$K\times$ln$L$	0.0082	0.0002	51.2236
ln$K\times$ln$U$	0.0047	0.0001	43.0811
ln$U\times$ln$L$	0.0075	0.0001	60.8763
(ln$K$)^2	0.0051	0.0002	30.9372
(ln$L$)^2	0.0155	0.0014	11.0760
(ln$U$)^2	0.0043	0.0001	53.9702
Constant	−1.5816	0.4538	−3.4851
Ridge k	0.3000		
Adj. R Square	0.9970		
F value	813.5196		

附表 6.3　投入要素的产出弹性

年份	资本	劳动	能源服务
1980	0.2987	0.7906	0.3015
1981	0.2997	0.7923	0.3023
1982	0.3011	0.7945	0.3035
1983	0.3026	0.7967	0.3049
1984	0.3045	0.7997	0.3069
1985	0.3066	0.8028	0.3090
1986	0.3084	0.8053	0.3105
1987	0.3104	0.8081	0.3123
1988	0.3123	0.8109	0.3142
1989	0.3134	0.8124	0.3151
1990	0.3154	0.8180	0.3169
1991	0.3168	0.8198	0.3183
1992	0.3191	0.8229	0.3211
1993	0.3211	0.8253	0.3230
1994	0.3232	0.8277	0.3249
1995	0.3252	0.8301	0.3267

续表

年份	资本	劳动	能源服务
1996	0.3271	0.8322	0.3282
1997	0.3288	0.8342	0.3296
1998	0.3304	0.8361	0.3309
1999	0.3318	0.8379	0.3321
2000	0.3333	0.8395	0.3333
2001	0.3347	0.8412	0.3345
2002	0.3363	0.8430	0.3358
2003	0.3380	0.8448	0.3371
2004	0.3398	0.8468	0.3386
2005	0.3417	0.8488	0.3402
2006	0.3436	0.8509	0.3418
2007	0.3455	0.8530	0.3435
2008	0.3472	0.8548	0.3449
2009	0.3492	0.8568	0.3463
2010	0.3511	0.8588	0.3479
2011	0.3530	0.8607	0.3493
平均值	0.3253	0.8280	0.3258

附表6.4 各投入要素对经济增长的贡献 单位：%

年份	资本	劳动	能源服务		
			总计	物质能源	能源效率
1981	43.9789	54.0198	14.2721	-8.7925	23.0646
1982	25.9935	33.3138	27.7108	15.6208	12.0900
1983	23.1114	18.7791	29.1817	18.2641	10.9177
1984	20.7304	20.2349	30.0514	15.0799	14.9715
1985	25.0312	20.1054	36.3009	18.1321	18.1688
1986	38.5950	25.5406	35.0779	18.9466	16.1313
1987	31.4935	20.1436	34.8189	19.0233	15.7956
1988	30.4718	20.5378	38.3270	19.8989	18.4280
1989	50.0872	37.3166	48.4550	33.4659	14.9891
1990	49.0527	36.5834	30.4281	15.1921	15.2360
1991	26.4613	10.4483	40.7831	18.2082	22.5749

年份	资本	劳动	能源服务		
			总计	物质能源	能源效率
1992	13.9034	3.4925	40.5122	7.0133	33.4989
1993	31.2731	6.0430	34.5046	14.8983	19.6063
1994	36.1070	6.3089	37.3252	14.8793	22.4459
1995	42.8835	7.0157	40.9346	20.9940	19.9407
1996	44.5257	11.0087	33.2539	10.2060	23.0479
1997	42.8865	11.5982	35.9708	1.9341	34.0367
1998	49.3062	12.7374	37.7887	0.8559	36.9328
1999	47.3501	12.0572	34.2984	14.3762	19.9222
2000	42.2904	9.8709	31.0470	14.2860	16.7610
2001	42.8547	10.0615	32.3961	13.5822	18.8140
2002	43.2899	6.2643	31.9058	22.5525	9.3533
2003	46.8116	5.5214	34.4733	54.1003	−19.6270
2004	46.3757	6.1354	39.5602	55.3116	−15.7514
2005	43.5510	3.9262	32.6374	32.2140	0.4233
2006	39.4731	3.0232	32.0253	26.3173	5.7080
2007	31.0515	2.8045	34.0543	20.8328	13.2215
2008	49.8801	2.8847	32.5526	14.0687	18.4840
2009	62.7779	3.3114	32.6933	19.9800	12.7133
2010	54.4089	3.1214	34.8334	20.6423	14.1910
2011	56.2073	3.9560	35.5854	27.5243	8.0611
平均值	39.7489	13.8118	34.3148	19.0196	15.2952

参考文献

［1］白雪洁，孟辉．服务业真的比制造业更绿色环保？——基于能源效率的测度与分解［J］．产业经济研究，2017（3）：1-14.

［2］白雪洁，宋莹．中国各省火电行业的技术效率及其提升方向——基于三阶段 DEA 模型的分析［J］．财经研究，2008（10）：15-25.

［3］查冬兰，周德群．基于 CGE 模型的中国能源效率回弹效应研究［J］．数量经济技术经济研究，2010（12）：39-53，66.

［4］陈德敏，张瑞．环境规制对中国全要素能源效率的影响——基于省际面板数据的实证检验［J］．经济科学，2012（4）：49-65.

［5］陈诗一．中国的绿色工业革命：基于环境全要素生产率视角的解释（1980—2008）［J］．经济研究，2010（11）：21-34，58.

［6］陈诗一．中国工业分行业统计数据估算：1980—2008［J］．经济学（季刊），2011（3）：735-776.

［7］陈诗一．中国各地区低碳经济转型进程评估［J］．经济研究，2012（8）：32-44.

［8］陈永伟，胡伟民．价格扭曲、要素错配和效率损失：理论和应用［J］．经济学（季刊），2011（4）：1401-1422.

［9］单豪杰．中国资本存量 K 的再估算：1952～2006 年［J］．数量经济技术经济研究，2008（10）：17-31.

［10］杜克锐，邹楚沅．我国碳排放效率地区差异、影响因素及收敛性分析——基于随机前沿模型和面板单位根的实证研究［J］．浙江社会科学，2011（11）：32-43.

［11］樊纲，王小鲁，朱恒鹏．中国市场化指数：各地区市场化相对进程2011 年报告［M］．北京：经济科学出版社，2012.

［12］何晓萍．中国工业的节能潜力及影响因素［J］．金融研究，2011（10）：34-46.

［13］胡鞍钢，郑京海，高宇宁，等．考虑环境因素的省级技术效率排名

（1999—2005）［J］. 经济学（季刊），2008（3）：933 - 960.

［14］胡玉莹. 中国能源消耗、二氧化碳排放与经济可持续增长［J］. 当代财经，2010（2）：29 - 36.

［15］黄德春，董宇怡，刘炳胜. 基于三阶段 DEA 模型中国区域能源效率分析［J］. 资源科学，2012（4）：688 - 695.

［16］黄少安，孙圣民，宫明波. 中国土地产权制度对农业经济增长的影响——对 1949—1978 年中国大陆农业生产效率的实证分析［J］. 中国社会科学，2005（3）：38 - 47，205 - 206.

［17］李国璋，霍宗杰. 中国全要素能源效率、收敛性及其影响因素——基于 1995—2006 年省际面板数据的实证分析［J］. 经济评论，2009（6）：101 - 109.

［18］李国璋，王双. 中国能源强度变动的区域因素分解分析——基于 LMDI 分解方法［J］. 财经研究，2008（8）：52 - 62.

［19］李静. 中国区域环境效率的差异与影响因素研究［J］. 南方经济，2009（12）：24 - 35.

［20］李兰冰. 中国全要素能源效率评价与解构——基于"管理—环境"双重视角［J］. 中国工业经济，2012（6）：57 - 69.

［21］李兰冰. 中国能源绩效的动态演化、地区差距与成因识别——基于一种新型全要素能源生产率变动指标［J］. 管理世界，2015（11）：40 - 52.

［22］李涛. 资源约束下中国碳减排与经济增长的双赢绩效研究——基于非径向 DEA 方法 RAM 模型的测度［J］. 经济学（季刊），2013（2）：667 - 692.

［23］李元龙，陆文聪. 生产部门提高能源效率的宏观能耗回弹分析［J］. 中国人口·资源与环境，2011（11）：44 - 49.

［24］林伯强. 危机下的能源需求和能源价格走势以及对宏观经济的影响［J］. 金融研究，2010（1）：46 - 57.

［25］林伯强，杜克锐. 要素市场扭曲对能源效率的影响［J］. 经济研究，2013（9）：125 - 136.

［26］林伯强，杜克锐. 我国能源生产率增长的动力何在——基于距离函数的分解［J］. 金融研究，2013（9）：84 - 96.

［27］林伯强，杜克锐. 理解中国能源强度的变化：一个综合的分解框架［J］. 世界经济，2014（4）：69 - 87.

［28］林伯强，何晓萍. 中国油气资源耗减成本及政策选择的宏观经济影

响 [J]. 经济研究, 2008 (5): 94 – 104.

[29] 林伯强, 刘泓汛. 对外贸易是否有利于提高能源环境效率——以中国工业行业为例 [J]. 经济研究, 2015 (9): 127 – 141.

[30] 林伯强, 刘希颖, 邹楚沅, 等. 资源税改革: 以煤炭为例的资源经济学分析 [J]. 中国社会科学, 2012 (2): 58 – 78, 206.

[31] 刘佳骏, 董锁成, 李宇. 产业结构对区域能源效率贡献的空间分析——以中国大陆 31 省 (市、自治区) 为例 [J]. 自然资源学报, 2011 (12): 1999 – 2011.

[32] 刘瑞翔. 资源环境约束下中国经济效率的区域差异及动态演进 [J]. 产业经济研究, 2012 (2): 43 – 52.

[33] 刘亦文, 胡宗义. 中国碳排放效率区域差异性研究——基于三阶段 DEA 模型和超效率 DEA 模型的分析 [J]. 山西财经大学学报, 2015 (2): 23 – 34.

[34] 陆铭, 陈钊. 分割市场的经济增长——为什么经济开放可能加剧地方保护? [J]. 经济研究, 2009 (3): 42 – 52.

[35] 聂辉华, 贾瑞雪. 中国制造业企业生产率与资源误置 [J]. 世界经济, 2011 (7): 27 – 42.

[36] 庞瑞芝, 李鹏. 中国新型工业化增长绩效的区域差异及动态演进 [J]. 经济研究, 2011 (11): 36 – 47, 59.

[37] 庞瑞芝, 王亮. 服务业发展是绿色的吗? ——基于服务业环境全要素效率分析 [J]. 产业经济研究, 2016 (4): 18 – 28.

[38] 齐志新, 陈文颖. 结构调整还是技术进步? ——改革开放后我国能源效率提高的因素分析 [J]. 上海经济研究, 2006 (6): 8 – 16.

[39] 师博, 沈坤荣. 市场分割下的中国全要素能源效率: 基于超效率 DEA 方法的经验分析 [J]. 世界经济, 2008 (9): 49 – 59.

[40] 施炳展, 冼国明. 要素价格扭曲与中国工业企业出口行为 [J]. 中国工业经济, 2012 (2): 47 – 56.

[41] 施凤丹. 中国工业能耗变动原因分析 [J]. 系统工程, 2008 (4): 55 – 60.

[42] 史丹, 吴利学, 傅晓霞, 等. 中国能源效率地区差异及其成因研究——基于随机前沿生产函数的方差分解 [J]. 管理世界, 2008 (2): 35 – 43.

[43] 孙传旺, 刘希颖, 林静. 碳强度约束下中国全要素生产率测算与收敛性研究 [J]. 金融研究, 2010 (6): 17 – 33.

［44］孙广生，黄祎，田海峰，等．全要素生产率、投入替代与地区间的能源效率［J］．经济研究，2012（9）：99－112.

［45］孙广生，杨先明，黄祎．中国工业行业的能源效率（1987—2005）——变化趋势、节能潜力与影响因素研究［J］．中国软科学，2011（11）：29－39.

［46］孙圣民．工农业关系与经济发展：计划经济时代的历史计量学再考察——兼与姚洋、郑东雅商榷［J］．经济研究，2009（8）：135－147.

［47］涂正革，刘磊珂．考虑能源、环境因素的中国工业效率评价——基于SBM模型的省级数据分析［J］．经济评论，2011（2）：55－65.

［48］涂正革．环境、资源与工业增长的协调性［J］．经济研究，2008（2）：93－105.

［49］汪克亮，孟祥瑞，杨宝臣，等．中国区域经济增长的大气环境绩效研究［J］．数量经济技术经济研究，2016（11）：59－76.

［50］汪克亮，杨宝臣，杨力．考虑环境效应的中国省际全要素能源效率研究［J］．管理科学，2010（6）：100－111.

［51］王兵，宫明丽．中国城市水资源系统效率实证研究——基于网络BAM模型的分析［J］．产经评论，2017（5）：133－148.

［52］王兵，罗佑军．中国区域工业生产效率、环境治理效率与综合效率实证研究——基于RAM网络DEA模型的分析［J］．世界经济文汇，2015（1）：99－119.

［53］王兵，唐文狮，吴延瑞，等．城镇化提高中国绿色发展效率了吗？［J］．经济评论，2014（4）：38－49，107.

［54］王兵，张技辉，张华．环境约束下中国省际全要素能源效率实证研究［J］．经济评论，2011（4）：31－43.

［55］王锋，冯根福，吴丽华．中国经济增长中碳强度下降的省区贡献分解［J］．经济研究，2013（8）：143－155.

［56］王娟，赵涛，张啸虎．2006—2012年中国工业行业能源和环境综合效率及其影响因素［J］．资源科学，2016（2）：311－320.

［57］王芃，武英涛．能源产业市场扭曲与全要素生产率［J］．经济研究，2014（6）：142－155.

［58］王庆一．中国的能源效率及国际比较（上）［J］．节能与环保，2003（8）：5－7.

［59］王群伟，周德群．能源回弹效应测算的改进模型及其实证研究

[J]. 管理学报, 2008 (5): 688 - 691.

[60] 王群伟, 周鹏, 周德群. 我国二氧化碳排放绩效的动态变化、区域差异及影响因素 [J]. 中国工业经济, 2010 (1): 45 - 54.

[61] 王玉潜. 基于投入产出方法的能源消耗强度因素模型 [J]. 中南财经政法大学学报, 2005 (6): 35 - 39.

[62] 魏楚, 沈满洪. 能源效率及其影响因素: 基于 DEA 的实证分析 [J]. 管理世界, 2007 (8): 66 - 76.

[63] 吴巧生, 成金华. 中国工业化中的能源消耗强度变动及因素分析——基于分解模型的实证分析 [J]. 财经研究, 2006 (6): 75 - 85.

[64] 向娟. 中国城市固定资本存量估算 [D]. 长沙: 湖南大学, 2011.

[65] 杨红亮, 史丹. 能效研究方法和中国各地区能源效率的比较 [J]. 经济理论与经济管理, 2008 (3): 12 - 20.

[66] 杨骞. 地区行政垄断与区域能源效率——基于 2000—2006 年省际数据的研究 [J]. 经济评论, 2010 (6): 70 - 75.

[67] 杨俊, 邵汉华. 环境约束下的中国工业增长状况研究——基于 Malmquist - Luenberger 指数的实证分析 [J]. 数量经济技术经济研究, 2009 (9): 64 - 78.

[68] 杨其静. 企业成长: 政治关联还是能力建设? [J]. 经济研究, 2011 (10): 54 - 66, 94.

[69] 余明桂, 回雅甫, 潘红波. 政治联系、寻租与地方政府财政补贴有效性 [J]. 经济研究, 2010 (3): 65 - 77.

[70] 袁晓玲, 张宝山, 杨万平. 基于环境污染的中国全要素能源效率研究 [J]. 中国工业经济, 2009 (2): 76 - 86.

[71] 张杰, 周晓艳, 李勇. 要素市场扭曲抑制了中国企业 R 和 D? [J]. 经济研究, 2011 (8): 78 - 91.

[72] 张杰, 周晓艳, 郑文平, 等. 要素市场扭曲是否激发了中国企业出口 [J]. 世界经济, 2011 (8): 134 - 160.

[73] 张曙光, 程炼. 中国经济转轨过程中的要素价格扭曲与财富转移 [J]. 世界经济, 2010 (10): 3 - 24.

[74] 张伟, 吴文元. 基于环境绩效的长三角都市圈全要素能源效率研究 [J]. 经济研究, 2011 (10): 95 - 109.

[75] 张伟, 朱启贵. 基于 LMDI 的我国工业能源强度变动的因素分解——对我国 1994—2007 年工业部门数据的实证分析 [J]. 管理评论, 2012

(9)：26 - 34，93.

［76］赵自芳，史晋. 中国要素市场扭曲的产业效率损失——基于 DEA 方法的实证分析［J］. 中国工业经济，2006（10）：40 - 48.

［77］郑义，徐康宁. 中国能源强度不断下降的驱动因素——基于对数均值迪氏分解法（LMDI）的研究［J］. 经济管理，2012（2）：11 - 21.

［78］周梦玲，张宁. 中国省际能源效率的再测算——基于共同边界随机前沿法［J］. 环境经济研究，2017（3）：64 - 78.

［79］周五七，聂鸣. 中国工业碳排放效率的区域差异研究——基于非参数前沿的实证分析［J］. 数量经济技术经济研究，2012（9）：58 - 70，161.

［80］周勇，李廉水. 中国能源强度变化的结构与效率因素贡献——基于 AWD 的实证分析［J］. 产业经济研究，2006（4）：68 - 74.

［81］周勇，林源源. 技术进步对能源消费回报效应的估算［J］. 经济学家，2007（2）：45 - 52.

［82］AGUAYO F，GALLAGHER K P. Economic reform，energy，and development：the case of Mexican manufacturing［J］. Energy Policy，2005，33：829 - 837.

［83］ANG B W. Decomposition of Industrial Energy-Consumption-the Energy Intensity Approach［J］. Energy Economics，1994，16：163 - 174.

［84］ANG B W. Decomposition analysis for policymaking in energy：which is the preferred method［J］. Energy Policy，2004，32：1131 - 1139.

［85］ANG B W，CHOI K H. Decomposition of aggregate energy and gas emission intensities for industry：A refined Divisia index method［J］. The Energy Journal，1997，18：59 - 73.

［86］ANG B W，LEE S Y. Decomposition of Industrial Energy-Consumption-Some Methodological and Application Issues［J］. Energy Economics，1994，16：83 - 92.

［87］ANG B W，LIU F L. A new energy decomposition method：perfect in decomposition and consistent in aggregation［J］. Energy，2001，26：537 - 548.

［88］ANG B W，SU B，WANG H. A spatial-temporal decomposition approach to performance assessment in energy and emissions［J］. Energy Economics，2016，60：112 - 121.

［89］ANG B W，WANG H. Index decomposition analysis with multidimensional and multilevel energy data［J］. Energy Economics，2015，51：67 - 76.

[90] ANG B W, ZHANG F Q. A survey of index decomposition analysis in energy and environmental studies [J]. Energy, 2000, 25: 1149 – 1176.

[91] AUTY R M. Sustaining development in resource economies: The resource curse thesis [M]. London and New York: Routledge, 1993.

[92] AYRES RU, WARR B. Accounting for growth: the role of physical work [J]. Structural Change and Economic Dynamics, 2005, 16: 181 – 209.

[93] BADIN L, DARAIO C, SIMAR L. Optimal bandwidth selection for conditional efficiency measures: A data-driven approach [J]. European Journal of Operational Research, 2010, 201: 633 – 640.

[94] BADIN L, DARAIO C, SIMAR L, 2012b. How to measure the impact of environmental factors in a nonparametric production model [J]. European Journal of Operational Research, 223: 818 – 833.

[95] BADIN L, DARAIO C, SIMAR L. Explaining inefficiency in nonparametric production models: The state of the art [J]. Annals of Operations Research, 2014, 214: 5 – 30.

[96] BARKER T, EKINS P, FOXON T. The macro-economic rebound effect and the UK economy [J]. Energy Policy, 2007, 35: 4935 – 4946.

[97] BATTESE G E, COELLI T J. A Model for Technical Inefficiency Effects in a Stochastic Frontier Production Function for Panel Data [J]. Empirical Economics, 1995, 20: 325 – 332.

[98] BATTESE G E, RAO D S P, O'DONNELL C J. A metafrontier production function for estimation of technical efficiencies and technology gaps for firms operating under different technologies [J]. Journal of Productivity Analysis, 2004, 21: 91 – 103.

[99] BATTESE G E, RAO D P. Technology gap, efficiency, and a stochastic metafrontier function [J]. International Journal of Business Economics, 2002, 1: 87 – 93.

[100] BERG S A, FORSUND F R, JANSEN E S. Malmquist Indexes of Productivity Growth during the Deregulation of Norwegian Banking, 1980 – 1989 [J]. Scandinavian Journal of Economics, 1992, 94: S211 – S228.

[101] BOYD G A. Estimating plant level energy efficiency with a stochastic frontier [J]. The Energy Journal, 2008, 29: 23 – 43.

[102] BOYD G A, HANSON D A, Sterner T. Decomposition of Changes in

Energy Intensity: A Comparison of the Divisia Index and Other Methods [J]. Energy Economics, 1988, 10: 309 – 312.

[103] BOYD G A, MCCLELLAND J D. The impact of environmental constraints on productivity improvement in integrated paper plants [J]. Journal of Environmental Economics and Management 38, 1999: 121 – 142.

[104] BP Statistical Review of World Energy [DS/OL]. http://www.bp.com/statisticalreview, 2014.

[105] BRANNLUND R, GHALWASH T, NORDSTROM J. Increased energy efficiency and the rebound effect: Effects on consumption and emissions [J]. Energy Economics, 2007, 29: 1 – 17.

[106] BROOKES L. Long-term equilibrium effects of constraints in energy supply [J]. The Economics of Nuclear Energy, 1984: 381 – 402.

[107] BRUNNSCHWEILER C N. Cursing the blessings? Natural resource abundance, institutions, and economic growth [J]. World Development, 2008, 36: 399 – 419.

[108] BRUNNSCHWEILER C N, BULTE E H. The resource curse revisited and revised: A tale of paradoxes and red herrings [J]. Journal of Environmental Economics and Management, 2008, 55: 248 – 264.

[109] CHEN S Y. The Abatement of Carbon Dioxide Intensity in China: Factors Decomposition and Policy Implications [J]. World Economics, 2011, 34: 1148 – 1167.

[110] CHEN S Y, GOLLEY J. 'Green' productivity growth in China's industrial economy [J]. Energy Economics, 2014, 44: 89 – 98.

[111] CHEN Y – Y, SCHMIDT P, WANG H J. Consistent estimation of the fixed effects stochastic frontier model [J]. Journal of Econometrics, 2014, 181: 65 – 76.

[112] CHEN Z, SONG S F. Efficiency and technology gap in China's agriculture: A regional meta-frontier analysis [J]. China Economic Review, 2008, 19: 287 – 296.

[113] China Premium Database [DB/OL]. http://www.ceicdata.com, 2014.

[114] CHIU C R, LIOU J L, WU P I, et al. Decomposition of the environmental inefficiency of the meta-frontier with undesirable output [J]. Energy

Economics, 2012, 34: 1392 - 1399.

[115] CHOI K H, ANG B W, RO K. Decomposition of the energy-intensity index with application for the Korean manufacturing industry [J]. Energy, 1995, 20: 835 - 842.

[116] CHOI Y, ZHANG N, ZHOU P. Efficiency and abatement costs of energy-related CO_2 emissions in China: A slacks-based efficiency measure [J]. Applied Energy, 2012, 98: 198 - 208.

[117] CHUNG, Y H, FARE R, GROSSKOPF S. Productivity and undesirable outputs: A directional distance function approach [J]. Journal of Environmental Management, 1997, 51: 229 - 240.

[118] COELLI T J, RAO D S P, O'DONNELL C J, et al. An introduction to efficiency and productivity analysis [M/OL]. Springer. https: //link. springer. com/ book/10. 1007%2Fb136381, 2005.

[119] COOPER W W, PASTOR J T, BORRAS F, et al. BAM: a bounded adjusted measure of efficiency for use with bounded additive models [J]. Journal of Productivity Analysis, 2011, 35: 85 - 94.

[120] DARAIO C, SIMAR L. Introducing environmental variables in nonparametric frontier models: A probabilistic approach [J]. Journal of Productivity Analysis, 2005, 24: 93 - 121.

[121] DARAIO C, SIMAR L. A robust nonparametric approach to evaluate and explain the performance of mutual funds [J]. European Journal of Operational Research, 2006, 175: 516 - 542.

[122] DARAIO C, SIMAR L. Conditional nonparametric frontier models for convex and nonconvex technologies: a unifying approach [J]. Journal of Productivity Analysis, 2007, 28: 13 - 32.

[123] DARAIO C, SIMAR L. Directional distances and their robust versions: Computational and testing issues [J]. European Journal of Operational Research, 2014, 237: 358 - 369.

[124] DE WITTE K, KORTELAINEN M. Blaming the exogenous environment? Conditional efficiency estimation with continuous and discrete exogenous variables [R]. MPRA Paper, Munich, 2009.

[125] DIMITROPOULOS J. Energy productivity improvements and the rebound effect: An overview of the state of knowledge [J]. Energy Policy, 2007, 35: 6354 -

6363.

[126] DU K R, HUANG L, YU K. Sources of the potential CO_2 emission reduction in China: A nonparametric metafrontier approach [J]. Applied Energy, 2014, 115: 491 –501.

[127] DU L M, WEI C, CAI S H. Economic development and carbon dioxide emissions in China: Provincial panel data analysis [J]. China Economic Review, 2012, 23: 371 –384.

[128] DYCKHOFF H, ALLEN K. Measuring ecological efficiency with data envelopment analysis (DEA) [J]. European Journal of Operational Research, 2001, 132: 312 –325.

[129] FAN Y, LIU L C, WU G, et al. Changes in carbon intensity in China: Empirical findings from 1980—2003 [J]. Ecological Economics, 2007, 62: 683 –691.

[130] FAN R, FANG Y, PARK S Y. Resource abundance and economic growth in China [J]. China Economic Review, 2012, 23 (3): 704 –719.

[131] FÄRE R, GROSSKOPF S. Directional distance functions and slacks-based measures of efficiency [J]. European Journal of Operational Research, 2010, 200: 320 –322.

[132] FÄRE R, GROSSKOPF S, LOVELL C A K, et al. Multilateral productivity comparisons when some outputs are undesirable: a nonparametric approach [J]. The Review of Economics and Statistics, 1989, 71: 90 –98.

[133] FÄRE R, GROSSKOPF S, NOH D W, et al. Characteristics of a polluting technology: Theory and practice [J]. Journal of Econometrics, 2005, 126: 469 –492.

[134] FÄRE R, GROSSKOPF S, NORRIS M, et al. Productivity Growth, Technical Progress, and Efficiency Change in Industrialized Countries [J]. American Economics Review, 1994, 84: 66 –83.

[135] FÄRE R, GROSSKOPF S, PASURKA C A. Environmental production functions and environmental directional distance functions [J]. Energy, 2007, 32: 1055 –1066.

[136] FEENSTRA R C, INKLAAR R, TIMMER M P. The Next Generation of the Penn World Table [J]. American Economics Review, 2015, 105: 3150 –3182.

[137] FOGEL R W. A Quantitative Approach to the Study of Railroads in

American Economic Growth: A Report of Some Preliminary Findings [J]. The Journal of Economic History, 1962, 22 (2): 163 – 197.

[138] FUKUYAMA H, WEBER W L. A directional slacks-based measure of technical inefficiency [J]. Socio-Economic Planning Sciences, 2009, 43: 274 – 287.

[139] GHOSH N K, BLACKHURST M F. Energy savings and the rebound effect with multiple energy services and efficiency correlation [J]. Ecological Economics, 2014, 105: 55 – 66.

[140] GREENE W. Distinguishing between heterogeneity and inefficiency: stochastic frontier analysis of the World Health Organization's panel data on national health care systems [J]. Health Economics, 2004, 13: 959 – 980.

[141] GREENE W. Reconsidering heterogeneity in panel data estimators of the stochastic frontier model [J]. Journal of Econometrics, 2005, 126: 269 – 303.

[142] GREENING L A, DAVIS W B, SCHIPPER L. Decomposition of aggregate carbon intensity for the manufacturing sector: comparison of declining trends from 10 OECD countries for the period 1971—1991 [J]. Energy Economics, 1998, 20: 43 – 65.

[143] GREENING L A, DAVIS W B, SCHIPPER L, et al. Comparison of six decomposition methods: Application to aggregate energy intensity for manufacturing in 10 OECD countries [J]. Energy Economics, 1997, 19: 375 – 390.

[144] GREENING L A, GREENE D L, DIFIGLIO C. Energy efficiency and consumption —the rebound effect—a survey [J]. Energy Policy, 2000, 28: 389 – 401.

[145] GREPPERUD S, RASMUSSEN I. A general equilibrium assessment of rebound effects [J]. Energy Economics, 2004, 26: 261 – 282.

[146] GUERRA A I, SANCHO F. Rethinking economy-wide rebound measures: An unbiased proposal [J]. Energy Policy, 2010, 38: 6684 – 6694.

[147] GUO X D, ZHU L, FAN Y, et al. Evaluation of potential reductions in carbon emissions in Chinese provinces based on environmental DEA [J]. Energy Policy, 2011, 39: 2352 – 2360.

[148] HAILU A, VEEMAN T S. Non-parametric productivity analysis with undesirable outputs: An application to the Canadian pulp and paper industry [J]. American Journal of Agricultural Economics, 2001, 83: 605 – 616.

[149] HALKOS G E, TZEREMES N G. A conditional directional distance function approach for measuring regional environmental efficiency: Evidence from UK regions [J]. European Journal of Operational Research, 2013, 227: 182 – 189.

[150] HALKOS G E, TZEREMES N G. Public sector transparency and countries' environmental performance: A nonparametric analysis [J]. Resource and Energy Economics, 2014, 38: 19 – 37.

[151] HALL P, RACINE J, LI Q. Cross-validation and the estimation of conditional probability densities [J]. Journal of the American Statistical Association, 2004, 99: 1015 – 1026.

[152] HANKINSON G A, RHYS J M W. Electricity Consumption, Electricity Intensity and Industrial-Structure [J]. Energy Economics, 1983, 5: 146 – 152.

[153] HAYNES K E, RATICK S, Cummings-Saxton J. Pollution prevention frontiers: a data envelopment simulation [J]. Environmental Program Evaluation: A Primer, 1998: 270 – 290.

[154] HOEKSTRA R, VAN DER BERGH J C, 2003. Comparing structural and index decomposition analysis [J]. Energy Economics, 25: 39 – 64.

[155] HOERL A E, Kennard R W. Ridge regression: applications to nonorthogonal problems [J]. Technometrics, 1970a, 12: 69 – 82.

[156] HOERL A E, KENNARD R W. Ridge regression: Biased estimation for nonorthogonal problems [J]. Technometrics, 1970b, 12: 55 – 67.

[157] HSIEH C T, KLENOW P J. Misallocation and Manufacturing TFP in China and India [J]. The Quarterly Journal of Economics, 2009, 124: 1403 – 1448.

[158] HU J L, WANG S C. Total-factor energy efficiency of regions in China [J]. Energy Policy, 2006, 34: 3206 – 3217.

[159] HUA Z S, BIAN Y W, LIANG L. Eco-efficiency analysis of paper mills along the Huai River: An extended DEA approach [J]. Omega-Int J Manage S, 2007, 35: 578 – 587.

[160] HUANG J P. Industry Energy Use and Structural Change : A Case Study of the People's Republic of China [J]. Energy Economics, 1993, 15: 131 – 136.

[161] IMF. World Economic Outlook Database [DB/OL]. http: // www. imf. org/external/pubs/ft/weo/2011/02/weodata/index. aspx, 2012.

[162] JALIL A, MAHMUD S F. Environment Kuznets curve for CO_2

emissions: A cointegration analysis for China [J]. Energy Policy, 2009, 37: 5167 - 5172.

[163] JEAVONS W S. The coal question: can Britain survive? In: Fluxed, A. W., Kelley, Augustus M. (Eds.), The Coal Question: An inquiry Concerning the Progress of the Nation, and the Probable Exhaustion of Our coal-mines [M]. New York, 1865.

[164] KAHRL F, ROLAND-HOLST D, ZILBERMAN D. Past as Prologue? Understanding energy use in post-2002 China [J]. Energy Economics, 2012, 36: 759 - 771.

[165] FISHER-VANDEN K, JEFFERSON G H, LIU H, et al. What is driving China's decline in energy intensity [J]? Resource and Energy Economics, 2004, 26: 77 - 97.

[166] KAYA Y, YOKOBORI K. Environment, Energy and Economy: Strategies for Sustainability [M]. Aspen Inst, Washington, DC (United States), 1998.

[167] KORHONEN P J, LUPTACIK M. Eco-efficiency analysis of power plants: An extension of data envelopment analysis [J]. European Journal of Operational Research, 2004, 154: 437 - 446.

[168] KUMBHAKAR S C. Production Frontiers, Panel Data, and Time-Varying Technical Inefficiency [J]. Journal of Econometrics, 1990, 46: 201 - 211.

[169] KUMMEL R, STRASSL W, GOSSNER A, et al. Technical progress and energy dependent production functions [J]. Journal of Economics, 1985, 45: 285 - 311.

[170] KUOSMANEN T, KORTELAINEN M. Measuring eco-efficiency of production with data envelopment analysis [J]. Journal of Industrial Ecology, 2005, 9: 59 - 72.

[171] LEE J D, PARK J B, KIM T Y. Estimation of the shadow prices of pollutants with production/environment inefficiency taken into account: a nonparametric directional distance function approach [J]. Journal of Environmental Management, 2002, 64: 365 - 375.

[172] LEITE C A, WEIDMANN J. Does mother nature corrupt? Natural resources, corruption, and economic growth [R]. IMF Working Paper No. 99/85,

1999.

[173] LI X. Assessing the extent of China's marketization [R]. Ashgate Publishing, Ltd. Burlington, USA, 2006.

[174] LI Q, RACINE J S. Nonparametric econometrics: theory and practice [M]. Princeton University Press, 2007.

[175] LI A J, LIN B Q. Comparing climate policies to reduce carbon emissions in China [J]. Energy Policy, 2013, 60: 667 – 674.

[176] LIAO H, WANG C, ZHU Z, et al. Structural decomposition analysis on energy intensity changes at regional level [J]. Transactions of Tianjin University, 2013, 19: 287 – 292.

[177] LIDDLE B. The importance of energy quality in energy intensive manufacturing: Evidence from panel cointegration and panel FMOLS [J]. Energy Economics, 2012, 34: 1819 – 1825.

[178] LIN B Q, DU K R. Technology gap and China's regional energy efficiency: A parametric metafrontie rapproach [J]. Energy Economics, 2013, 40: 529 – 536.

[179] LIN B Q, DU K R. Decomposing energy intensity change: A combination of index decomposition analysis and production-theoretical decomposition analysis [J]. Applied Energy, 2014, 129: 158 – 165.

[180] LIN B Q, DU K R. Measuring energy efficiency under heterogeneous technologies using a latent class stochastic frontier approach: An application to Chinese energy economy [J]. Energy, 2014, 76: 884 – 890.

[181] LIN B Q, DU K R. Modeling the dynamics of carbon emission performance in China: A parametric Malmquist index approach [J]. Energy Economics, 2015, 49: 550 – 557.

[182] LIN B Q, LIU X. Dilemma between economic development and energy conservation: Energy rebound effect in China [J]. Energy, 2012, 45: 867 – 873.

[183] LIN B Q, WESSEH P K. Estimates of inter-fuel substitution possibilities in Chinese chemical industry [J]. Energy Economics, 2013, 40: 560 – 568.

[184] LIU N, ANG B W. Factors shaping aggregate energy intensity trend for industry: Energy intensity versus product mix [J]. Energy Economics, 2007, 29: 609 – 635.

[185] LONG X L, ZHAO X C, CHENG F X. The comparison analysis of total

factor productivity and eco-efficiency in China's cement manufactures [J]. Energy Policy, 2015, 81: 61 –66.

[186] MA C, STERN D I. China's changing energy intensity trend: A decomposition analysis [J]. Energy Economics, 2008, 30: 1037 –1053.

[187] MADLENER R, ALCOTT B. Energy rebound and economic growth: A review of the main issues and research needs [J]. Energy, 2009, 34: 370 –376.

[188] MASUDA K. Measuring eco-efficiency of wheat production in Japan: a combined application of life cycle assessment and data envelopment analysis [J]. Journal of Cleaner Production, 2016, 126: 373 –381.

[189] MIELNIK O, GOLDEMBERG J. The evolution of the "carbonization index" in developing countries [J]. Energy Policy, 1999, 27: 307 –308.

[190] MURTY M N, KUMAR S, PAUL M. Environmental regulation, productive efficiency and cost of pollution abatement: a case study of the sugar industry in India [J]. Journal of Environmental Management, 2006, 79: 1 –9.

[191] NETO J Q F, WALTHER G, BLOEMHOF J, et al. A methodology for assessing eco-efficiency in logistics networks [J]. European Journal of Operational Research, 2009, 193: 670 –682.

[192] O'DONNELL C J, RAO D S P, BATTESE G E. Metafrontier frameworks for the study of firm-level efficiencies and technology ratios [J]. Empirical Economics, 2008, 34: 231 –255.

[193] OGGIONI G, RICCARDI R, TONINELLI R. Eco-efficiency of the world cement industry: A data envelopment analysis [J]. Energy Policy, 2011, 39: 2842 –2854.

[194] OH D H. A global Malmquist-Luenberger productivity index [J]. Journal of Productivity Analysis, 2010, 34: 183 –197.

[195] OH D H, Lee J D. A metafrontier approach for measuring Malmquist productivity index [J]. Empirical Economics, 2010, 38: 47 –64.

[196] PAPYRAKIS E, GERLAGH R. The resource curse hypothesis and its transmission channels [J]. Journal of Comparative Economics, 2004, 32: 181 –193.

[197] PARK H, LIM J. Valuation of marginal CO_2 abatement options for electric power plants in Korea [J]. Energy Policy, 2009, 37: 1834 –1841.

[198] PASURKA C A. Decomposing electric power plant emissions within a joint production framework [J]. Energy Economics, 2006, 28: 26 –43.

[199] PICAZO-TADEO A J, BELTRAN-ESTEVE M, GOMEZ-LIMON J A. Assessing eco-efficiency with directional distance functions [J]. European Journal of Operational Research, 2012, 220: 798 – 809.

[200] QIAN Y, WU J. China's transition to a market economy: How far across the river [R]. Stanford University Working Paper, No. 69, 2000.

[201] REDDY B S, RAY B K. Understanding industrial energy use: Physical energy intensity changes in Indian manufacturing sector [J]. Energy Policy, 2011, 39: 7234 – 7243.

[202] REITLER W, RUDOLPH M, SCHAEFER H. Analysis of the Factors Influencing Energy-Consumption in Industry: A Revised Method [J]. Energy Economics, 1987, 9: 145 – 148.

[203] RICCARDI R, OGGIONI G, TONINELLI R. Efficiency analysis of world cement industry in presence of undesirable output: Application of data envelopment analysis and directional distance function [J]. Energy Policy, 2012, 44: 140 – 152.

[204] ROBAINA-ALVES M, MOUTINHO V, MACEDO P. A new frontier approach to model the eco-efficiency in European countries [J]. Journal of Cleaner Production, 2015, 103: 562 – 573.

[205] ROSE A, CASLER S. Input-output structural decomposition analysis: a critical appraisal [J]. Economic Systems Research, 1996, 8: 33 – 62.

[206] SACHS J D, WARNER A M. Natural resource abundance and economic growth [R]. National Bureau of Economic Research, NBER Working Paper, No. 5398, 1995.

[207] SACHS J D, WARNER A M. Sources of slow growth in African economies [J]. Journal of African Economies, 1997, 6: 335 – 376.

[208] SACHS J D, WARNER A M. The big push, natural resource booms and growth [J]. Journal of Development Economics, 1999, 59: 43 – 76.

[209] SAUNDERS H D. Fuel conserving (and using) production functions [J]. Energy Economics, 2008, 30: 2184 – 2235.

[210] SCHEEL H. Undesirable outputs in efficiency valuations [J]. European Journal of Operational Research, 2001, 132: 400 – 410.

[211] SCHIPPER L, GRUBB M. On the rebound? Feedback between energy intensities and energy uses in IEA countries [J]. Energy Policy, 2000, 28:

367 – 388.

[212] SCHURR S H. Energy efficiency and productive efficiency: some thoughts based on American experience [J]. The Energy Journal, 1982: 3 – 14.

[213] SEIFORD L M, ZHU J. Modeling undesirable factors in efficiency evaluation [J]. European Journal of Operational Research, 2002, 142: 16 – 20.

[214] SHAO S, HUANG T, YANG L L. Using latent variable approach to estimate China's economy-wide energy rebound effect over 1954—2010 [J]. Energy Policy, 2014, 72: 235 – 248.

[215] SIMAR L. Detecting outliers in frontier models: A simple approach [J]. Journal of Productivity Analysis, 2003, 20: 391 – 424.

[216] SIMAR L, VANHEMS A. Probabilistic characterization of directional distances and their robust versions [J]. Journal of Econometrics, 2012, 166: 342 – 354.

[217] SIMAR L, WILSON P W. Estimation and inference in two-stage, semi-parametric models of production processes [J]. Journal of Econometrics, 2007, 136: 31 – 64.

[218] SIMAR L, WILSON P W. Two-stage DEA: caveat emptor [J]. Journal of Productivity Analysis, 2011, 36: 205 – 218.

[219] SIMAR L, WILSON P W. Statistical Approaches for Non-parametric Frontier Models: A Guided Tour [J]. International Statistical Review, 2015, 83: 77 – 110.

[220] SINTON J E, LEVINE M D. Changing Energy Intensity in Chinese Industry: The Relative Importance of Structural Shift and Intensity Change [J]. Energy Policy, 1994, 22: 239 – 255.

[221] SMALL K A, VAN DENDER K. Fuel efficiency and motor vehicle travel: The declining rebound effect [J]. The Energy Journal, 2007, 28: 25 – 51.

[222] SMYTH R, NARAYAN P K, SHI H L. Substitution between energy and classical factor inputs in the Chinese steel sector [J]. Applied Energy, 2011, 88: 361 – 367.

[223] SONG M L, AN Q X, ZHANG W, et al. Environmental efficiency evaluation based on data envelopment analysis: A review [J]. Renewable and Sustainable Energy Reviews, 2012, 16: 4465 – 4469.

[224] SORRELL S, DIMITROPOULOS J. The rebound effect: Microeconomic definitions, limitations and extensions [J]. Ecological Economics, 2008, 65:

636 – 649.

［225］ SORRELL S, DIMITROPOULOS J, SOMMERVILLE M. Empirical estimates of the direct rebound effect: A review ［J］. Energy Policy, 2009, 37: 1356 – 1371.

［226］ SU B, ANG B W. Structural decomposition analysis applied to energy and emissions: Some methodological developments ［J］. Energy Economics, 2012, 34: 177 – 188.

［227］ SUEYOSHI T, GOTO M, UENO T. Performance analysis of US coal-fired power plants by measuring three DEA efficiencies ［J］. Energy Policy, 2010, 38: 1675 – 1688.

［228］ SUN J W. The decrease of CO_2 emission intensity is decarbonization at national and global levels ［J］. Energy Policy, 2005, 33: 975 – 978.

［229］ TINTNER G, DEUTSCH E, RIEDER R, et al. A production function for Austria emphasizing energy ［J］. De Economist, 1977, 125: 75 – 94.

［230］ TONE K, TSUTSUI M. Network DEA: A slacks-based measure approach ［J］. European Journal of Operational Research, 2009, 197: 243 – 252.

［231］ TONE K. Dealing with undesirable outputs in DEA: A Slacks-Based Measure (SBM) approach ［Z］. Presentation at NAPW Ⅲ. Toronto, 2004.

［232］ VAN ES G, DE GROOT A, VELTHUISEN J, et al. A description of the SEO Computable General Equilibrium Model SEO Report No. 477 ［R］. Foundation for Economic Research, Amsterdam, 1998.

［233］ VANINSKY A. Factorial decomposition of CO_2 emissions: A generalized Divisia index approach ［J］. Energy Economics, 2014, 45: 389 – 400.

［234］ VARDANYAN M, NOH D W. Approximating pollution abatement costs via alternative specifications of a multi-output production technology: A case of the US electric utility industry ［J］. Journal of Environmental Management, 2006, 80: 177 – 190.

［235］ WANG C H. Decomposing energy productivity change: A distance function approach ［J］. Energy, 2007, 32: 1326 – 1333.

［236］ WANG C H. Sources of energy productivity growth and its distribution dynamics in China ［J］. Resource and Energy Economics, 2011, 33: 279 – 292.

［237］ WANG C H. Changing energy intensity of economies in the world and its decomposition ［J］. Energy Economics, 2013, 40: 637 – 644.

［238］ WANG H, ZHOU P, ZHOU D Q. An empirical study of direct rebound effect for passenger transport in urban China ［J］. Energy Economics, 2012a, 34: 452 – 460.

［239］ WANG H, ZHOU P, ZHOU D Q. Scenario-based energy efficiency and productivity in China: A non-radial directional distance function analysis ［J］. Energy Economics, 2013a, 40: 795-803.

［240］ WANG H J, HO C W. Estimating fixed-effect panel stochastic frontier models by model transformation ［J］. Journal of Econometrics, 2010, 157: 286 – 296.

［241］ WANG K, LU B, WEI Y M. China's regional energy and environmental efficiency: A Range-Adjusted Measure based analysis ［J］. Applied Energy, 2013c, 112: 1403 – 1415.

［242］ WANG K, WEI Y M, ZHANG X. Energy and emissions efficiency patterns of Chinese regions: A multi-directional efficiency analysis ［J］. Applied Energy, 2013b, 104: 105 – 116.

［243］ WANG K, YU S W, ZHANG W. China's regional energy and environmental efficiency: A DEA window analysis based dynamic evaluation ［J］. Mathematical and Computer Modelling, 2013c, 58: 1117 – 1127.

［244］ WANG Q W, ZHAO Z Y, ZHOU P, et al. Energy efficiency and production technology heterogeneity in China: A meta-frontier DEA approach ［J］. Economic Modeling, 2013d, 35: 283 – 289.

［245］ WANG Q W, ZHOU P, SHEN N, et al. Measuring carbon dioxide emission performance in Chinese provinces: A parametric approach ［J］. Renewable and Sustainable Energy Reviews, 2013, 21: 324 – 330.

［246］ WANG Q W, ZHOU P, ZHOU D Q. Efficiency measurement with carbon dioxide emissions: The case of China ［J］. Applied Energy, 2012b, 90: 161 – 166.

［247］ WEI T Y. A general equilibrium view of global rebound effects ［J］. Energy Economics, 2010, 32: 661 – 672.

［248］ World Bank Open Data ［DB/OL］. http: //data. worldbank. org/. Accessed at 09/07/2015, 2015.

［249］ World Development Indicators ［DB/OL］. http: //data. worldbank. org/data-catalog/world-development-indicators, 2012.

[250] WRIGHT G, CZELUSTA J. Resource-based growth past and present [J]. Natural Resources: Neither Curse nor Destiny, 2007, 185: 183 – 211.

[251] WU F, FAN L W, ZHOU P, et al. Industrial energy efficiency with CO_2 emissions in China: A nonparametric analysis [J]. Energy Policy, 2012, 49: 164 – 172.

[252] WU Y. China's capital stock series by region and sector [R]. Discussion Paper, University of Western Australia, 2009.

[253] WU Y R. Energy intensity and its determinants in China's regional economies [J]. Energy Policy, 2012, 41: 703 – 711.

[254] XU J H, FLEITER T, EICHHAMMER W, et al. Energy consumption and CO_2 emissions in China's cement industry: A perspective from LMDI decomposition analysis [J]. Energy Policy, 2012, 50: 821 – 832.

[255] XU X Y, ANG B W, Multilevel index decomposition analysis: Approaches and application [J]. Energy Economics, 2014, 44: 375 – 382.

[256] YANG H L, POLLITT M. The necessity of distinguishing weak and strong disposability among undesirable outputs in DEA: Environmental performance of Chinese coal-fired power plants [J]. Energy Policy, 2010, 38: 4440 – 4444.

[257] YANG Z, KE Z. Analysis of energy consumption in Shandong Province-Based on Complete Decomposition Model [J]. Energy Procedia, 2011, 5: 1647 – 1653.

[258] ZAIM O. Measuring environmental performance of state manufacturing through changes in pollution intensities: a DEA framework [J]. Ecological Economics, 2004, 48: 37 – 47.

[259] ZAIM O, TASKIN F. Environmental efficiency in carbon dioxide emissions in the OECD: A non-parametric approach [J]. Journal of Environmental Management, 2000, 58: 95 – 107.

[260] ZHANG N, CHOI Y. A comparative study of dynamic changes in CO_2 emission performance of fossil fuel power plants in China and Korea [J]. Energy Policy, 2013a, 62: 324 – 332.

[261] ZHANG N, CHOI Y. Environmental energy efficiency of China's regional economies: A non-oriented slacks-based measure analysis [J]. The Social Science Journal, 2013b, 50: 225 – 234.

[262] ZHANG N, CHOI Y. A note on the evolution of directional distance function and its development in energy and environmental studies 1997—2013 [J].

Renewable and Sustainable Energy Reviews, 2014, 33: 50 –59.

[263] ZHANG N, CHOI Y. Total-factor CO_2 emission performance of fossil fuel power plants in China: A metafrontier non-radial Malmquist index analysis [J]. Energy Economics, 2013c, 40: 549 –559.

[264] ZHANG N, Kong F B, CHOI Y, et al. The effect of size-control policy on unified energy and carbon efficiency for Chinese fossil fuel power plants [J]. Energy Policy, 2014a, 70: 193 –200.

[265] ZHANG N, Kong F B, Yu Y N. Measuring ecological total-factor energy efficiency incorporating regional heterogeneities in China [J]. Ecological Indicators, 2015, 51: 165 –172.

[266] ZHANG N, ZHOU P, CHOI Y. Energy efficiency, CO_2 emission performance and technology gaps in fossil fuel electricity generation in Korea: A meta-frontier non-radial directional distance function analysis [J]. Energy Policy, 2013d, 56: 653 –662.

[267] ZHANG Z X. Why did the energy intensity fall in China's industrial sector in the 1990s? The relative importance of structural change and intensity change [J]. Energy Economics, 2003, 25: 625 –638.

[268] ZHAO X L, LI N, MA C B. Residential energy consumption in urban China: A decomposition analysis [J]. Energy Policy, 2012, 41: 644 –653.

[269] ZHOU P, ANG B W. Decomposition of aggregate CO_2 emissions: A production-theoretical approach [J]. Energy Economics, 2008b, 30: 1054 –1067.

[270] ZHOU P, ANG B W. Linear programming models for measuring economy-wide energy efficiency performance [J]. Energy Policy, 2008a, 36: 2911 –2916.

[271] ZHOU P, ANG B W, HAN J Y. Total factor carbon emission performance: A Malmquist index analysis [J]. Energy Economics, 2010, 32: 194 –201.

[272] ZHOU P, ANG B W, POH K L. Slacks-based efficiency measures for modeling environmental performance [J]. Ecological Economics, 2006, 60: 111 –118.

[273] ZHOU P, ANG B W, POH K L. A survey of data envelopment analysis in energy and environmental studies [J]. European Journal of Operational Research, 2008, 189: 1 –18.

[274] ZHOU P, ANG B W, WANG H. Energy and CO_2 emission performance

in electricity generation: A non-radial directional distance function approach [J]. European Journal of Operational Research, 2012b, 221: 625 – 635.

[275] ZHOU P, ANG B W, ZHOU D Q. Measuring economy-wide energy efficiency performance: A parametric frontier approach [J]. Apply Energy, 2012a, 90: 196 – 200.